传统园林模型制作

李畅　钱达　著

中国建筑工业出版社

图书在版编目（CIP）数据

传统园林模型制作/李畅，钱达著. —北京：中
国建筑工业出版社，2023.11
ISBN 978-7-112-29489-3

Ⅰ.①传…　Ⅱ.①李…②钱…　Ⅲ.①园林设计－模
型－制作　Ⅳ.① TU986.2

中国国家版本馆 CIP 数据核字（2023）第 248585 号

责任编辑：刘文昕　费海玲
文字编辑：田　郁
责任校对：芦欣甜

传统园林模型制作

李畅　钱达　著

*

中国建筑工业出版社出版、发行（北京海淀三里河路 9 号）

各地新华书店、建筑书店经销

北京建筑工业印刷有限公司制版

建工社（河北）印刷有限公司印刷

*

开本：787 毫米 ×1092 毫米　1/16　印张：11¾　字数：200 千字

2024 年 2 月第一版　　2024 年 2 月第一次印刷

定价：**69.00** 元（含增值服务）

ISBN 978-7-112-29489-3

（41764）

目 录

第一章　传统园林模型概述

第一节 传统园林模型概念

随着时代的进步、社会的发展，我们国家对于人居环境日益重视，生态文明建设已经成为国家战略，这为风景园林的发展提供了广阔的空间。园林模型广泛应用于行业各个方面，其通过三维空间形态的展示，较之二维图像给人更为直观的认知，特别是对于学生和非本行业人员，能更容易理解项目的设计理念与设计内容。故而，模型制作在风景园林专业设计教学中具有重要的作用。而传统园林建筑与传统园林空间的特性，使得模型制作在"传统园林设计"的教学中，更是成为不可替代的环节。

一、基本概念

模型是介于设计图纸和实体空间之间的形式，是设计意图和设计思想的立体化表达。在最早的时候，模型指浇筑的型样。现在一般认为，模型是通过一定比例缩放，对建筑或其他物体，借助实体或者虚拟表现，阐述客观形态、结构等的一种表达的物件。

传统园林模型就是用模型的方式来展示传统园林的整体布局、空间关系，以及建筑、山石、水体、植物、园路、铺装等内容。通过传统园林模型，人们可以直观地认知园林各要素具体的形态、大小、尺度、结构和构造，以及这些元素在园林空间中的相互关系。

二、模型特点

模型作为一种实物三维微缩体，通常具有直观展示性、真实表现性、信息反馈性等特点。

（一）直观展示性

直观展示性是指模型通过整体模拟，可以直观地展示出建筑设计、风景园林设计等的形态、构造、结构、细部、材料等物质实体，以及整体布局、组合关系等空间信息，甚至理念、构思等设计思想内容。通过模型，人们可以直观地了解接近真实的实体空间。

（二）真实表现性

模型的直观展示性需要通过真实表现性来实现。模型需要给人真实的感知，必须具备明确的形态、翔实的尺寸、精准的比例、真实的材料、实际的色彩等，从而提供在视觉、触觉、听觉等各方面充分的信息表达，以表现出模型对于真实物体或空间的客观反映，使人感受到物体或空间的真实性，提升观者对于物体或空间的认知与理解。

（三）信息反馈性

模型的直观展示性，带来了信息反馈性这一特点。模型的直观展示性，使得观者能够较为准确地了解模型模拟的真实物体或空间，可以欣赏、评价、预测、分析、掌握建成后的基本情况，提出其可能的优势与不足，通过反馈信息，或修改完善相关设计，提升实体的品质，或从经典案例中学习提高。

"文化自信"作为中国特色社会主义"四个自信"之一，优秀传统园林文化的传承与发展，也越来越受到重视。然而，由于文化积淀比较深，传统园林具有一些特定的要求，对其了解、学习、认知、掌握，较之现代风景园林更为困难。而传统园林模型则可以起到有效的帮助。相对于建筑模型和其他风景园林模型，传统园林模型不仅具有一般建筑、园林模型共有的直观展示性、真实表现性、信息反馈性等特点，还具备一些独有的特点。

三、传统园林模型特点

（一）空间紧凑，元素丰富

江南传统园林多建于城市，往往占地不大，空间紧凑，但园内元素多样，景观多变，层次丰富，在咫尺空间内展现出小中见大、复杂多元的园景特点。传统园林的这一特性使得模拟其空间的传统园林模型同样具有类似的特点。而且，园林中有种特别的元素——植物，一种具有生命的元素，种类繁多，形态、大小、质感、色彩，以及植物间配置关系都需要有效表达，这也增加了传统园林模型的制作难度。

（二）建筑多样，结构特殊

江南传统园林中一般建筑较多，且多占据着主导的地位。明代造园家计成在其经典造园论著《园冶》中说："凡园圃立基，定厅堂为主""择成馆舍，余构亭台"。传统园林中不仅建筑数量多，样式也丰富，如亭、廊、楼、阁、厅、堂、轩、榭、舫、房等。此外，传统园林建筑以大木构架为主，造型优美独特，结构奇巧特别，且都外露可观，因而传统园林模型也需要表现出建筑的外观造型与建筑结构。

（三）地形复杂，山石多变

江南传统园林由于用地偏小，园内原有地形地势多平缓简单，而传统园林的特点决定了需要通过塑造场地，构建复杂多变的空间地形，以增加景观层次，丰富园内景致，助力实现蜿蜒曲折、线路多变的游线组织和高低错落的视点变化。增加土山、石山、置石、坡度等是主要的竖向处理手段。直观展示园林空间的模型，自然也需要展现这个特点，表达出多变的山石，复杂的地形。

第二节　传统园林模型作用与学习

一、模型作用

（一）帮助理解设计构思

风景园林的设计构思如果仅通过图纸来表达，往往不容易被理解和认可，特别是对于学生或非专业人士而言，二维图纸更无法和三维模型相比。模型具有三维的视觉、触觉感知效果，甚至有的模型还能提供听觉、嗅觉等方面的感知。不仅能给人清晰的空间感受，使人很容易理解设计者的意图和希望实现的目标，还能据此提出不同的信息反馈。

而对于设计者而言，通过模型将自己的设计构思、理念表达出来，将空间想象转变为微缩空间实体，可以直观地认识到设计者的设计与设计目标、建成空间之间的差距及匹配程度，以检验设计方案的有效性，继而可以在布局、形态、体量、尺度、材料、结构、质感、色彩等方面进行推敲、调整、提升，以找到更理想、更满意的方案。当然，还有一点也不可忽视，那就是在模型制作过程中，设计者由于亲自参与各个环节而对于方案理解不断深入，能对其中的欠缺和不足，不断进行修正与完善。

（二）直观展示设计效果

模型是三维的立体表达形式，能够直接展示园林里建筑、山石、水体、植物、园路、铺地等各种元素的具体形态、样式、材料、色彩、质感等，以及各元素之间的相互关系以及景点、景致的呈现，模拟出真实的园林环境与氛围，需要的话还可以表现出建筑、山石、水体、铺地等的结构与构造，使观者直观感受到设计者的设计及建成后基本的效果。

模型不像图纸相对抽象，需要一定的专业知识和素养才能较好理解图纸所表达的内容和想象实际的设计效果。模型通过微缩的方式，直接展示出园林的设计效果，提供给所有观者真实的感受与体验。

（三）有助项目建设实施

正是由于模型直观、写实的特点，使其对于项目的建设实施提供了帮助。首先，模型有助于对设计意图实现的效果进行信息反馈。所有观者，包括设计者本人，可以通过模型感受实际效果，并对此提出反馈意见和建议，实现根据有效信息进行设计修改和完善，以减少或避免可能出现的问题，降低设计风险。其次，模型对于一些隐蔽的、复杂的或独特的内容进行实体微缩展示，有助于项目建设实施方理解设计内容并按照设计要求进行建设，以保证实体效果与设计目标的一致。

二、学习方式

（一）整体性学习

传统园林是一个整体性空间，包括总体布局，建筑、山石、水体、植物、铺地等元素，以及各种元素之间的相互关系等。微缩模拟传统园林的模型，不论是测绘的还是设计的，都需要整体性把握。首先要读懂设计图纸，学习处理好各元素之间的尺度关系、尺寸比例、景物呼应等。在此基础上，完成各种元素的模型制作，避免突兀和不协调的情况出现，使完成的模型呈现出和谐美好的园林空间。

传统园林模型要求制作人具备一定的整体性控制能力，熟悉所有内容的造型特点和体量关系，严格按统一的比例要求进行制作，以保证整体的尺度关系一致。同时，在制作传统园林模型过程中要学会合理取舍，依据模型的比例大小、精致程度、材料工具等，确定取舍内容，避免出现细部影响整体的情况发生，保证园林模型的整体协调。

（二）系统性学习

传统园林是一个多元素系统性空间，涉及建筑、环境、绿化等多个方面，还需要掌握设计、技术、艺术等知识与技能，因此，要进行传统园林模型制作，必须进行系统性学习。在模型制作过程中，除了学会建筑、山石、水体、植物等的造型控制外，还需要学习材料、结构、构造等内容。

这里的材料学习包括两个方面：一方面是学习园林建设所用材料的种类、用途、特性等；另一方面是学习模型制作所用材料，包括材料特性和模拟现实材料的方法等，以便选用适合的材料。而对于传统园林模型来说，建筑和假山的结构构造也是必须掌握的，需要认真理解传统园林建筑特殊的大木构架才能做好模型。

（三）技能性学习

传统园林模型的制作，除了知识的学习和储备外，技能的学习也至关重要。模型的制作会用到很多材料与工具，这就需要熟悉材料的特性和制作方法，了解工具的用途和用法，具有较强的动手能力和手脑协调能力。在此过程中，需要严谨的态度、实用的流程、熟练的技巧、灵活的创新来助力模型的实现。

在模型制作过程中，严谨的态度是尤为重要的，不急不躁、踏实肯干、反复推敲，这是最基本的保障。模型制作前应该学会确定科学、合理、实用的操作流程，以便提高效率、减少工时、节约材料，并有助于解决遇到的问题，有序推进制作进程。娴熟的技能是通过不断学习和训练培养出来的，这对于提高模型质量和表现力，提升制作效率至关重要。而创新则是更高的要求，随着对图纸、材料、工具的认识和理解不断深入，通过敏锐的思考和反复的实践，可以实现新的突破。

第三节　传统园林模型发展

模型在我国的发展有着悠久的历史。从早期的明器，到后来的沙盘，再到现代多样的手工模型和 3D 打印模型、虚拟现实模型，都反映了文明的发展和时代的进步。而在我国古代，很早就有类似建筑模型的概念，即所谓的"法"。如东汉《说文解字》里《说文·土部》有曰："型，铸器之法也。"清代文字训诂学家段玉裁这么解释："以木为法曰模，以竹为之曰范，以土为型，引申之为典型。"这应该是我国较早记载于史书上的模型概念。

一、明器

明器即"冥器"，也有称"盟器"的，是专门为随葬而制作的器物。在中国，随葬明器自新石器时代起即有，除瓶罐、几柜、礼器等日用器物制品外，还有人俑、畜禽、车马、武器、乐器、建筑物等。这些明器使用的材料多样，并依据不同的时代会有不同的变化，使用较多的材料主要包括陶、瓷、竹、木、石、锡、铅、铜、纸等。

在汉代墓中出土过很多建筑类型的明器，不过现在已知的最早的建筑类明器，应该是位于江苏邳州的新石器时代的大墩子遗址墓中出土的陶屋模型，这些陶屋有圆有方，正面有门，两侧有窗，庑脊出檐，具有相当的艺术性。当然，此时的陶屋仅仅是祭祀随葬之用。到了汉代，由于传统的木构架建筑取得了重大突破，与之相对应，出现了"陶楼"这样的建筑造型明器，由土烧制而成，雕梁画栋，十分精美。到了唐代，建筑模型样的明器依然存在，同时也出现了跟现代模型类似的依据图纸制作的模型。

二、烫样

"烫样"是中国传统建筑特有的产物，也就是我国古代依据图纸制作的传统建筑的立体模型（图 1-3-1），因需要熨烫成型，故而得名"烫样"，其所用材料主要有纸张、秸秆、木料等。元书纸、东昌纸、高丽纸、麻呈文纸等品类的纸张常被用于制作烫样，而木料则需要用质地较软、易于加工的品种，比如红松、白松之类。烫样与现代手工模型制作已经颇为接近，是古代建筑设计意图的表现。烫样、图纸、做法说明三者各有分工侧重，一起形成完整的传统建筑设计。其中烫样是基于图纸和做法说明制作的模型，包括制作单体建筑的外观和结构，建筑组群及其院落的布局与环境，建筑彩画、装饰装修及室内陈设等内容。烫样可以自由拆卸并灵活组装，能提供直观的形态及结构展示，既可以供皇帝审阅，又能用来指导施工建设。

图 1-3-1 烫样模型展示

说到烫样，不得不提擅长建筑设计和施工的雷氏家族，世称"样式雷"，就是因制作烫样而得名。雷氏家族祖孙七代，自清康熙年间到清末，皆任样式房长班。雷氏家族是制作烫样的名家，负责主持皇家官式建筑的设计共二百余年。"样式雷"烫样据史料记载以及现有留存，主要有两种类型，即建筑单体烫样和建筑组群烫样。建筑单体烫样与现在的单体建筑模型一样，需要表现出建筑的整体、构件及细部各类尺寸数据，还要展示出建筑的外观样式、结构构造、色彩装饰、材料细节等。而建筑组群烫样除了制作每个单体建筑外，还需要表现整个建筑组群的总体布局以及院落环境，包括庭院、山石、水体、花木等的情况。除此之外，每个建筑单体的内部情况，诸如梁架结构、门窗装折、彩画装饰等都需要能够一一展示，因此制作的建筑烫样的屋顶通常是可以掀开的。由此可见，"样式雷"烫样科学严谨、制作精巧、独具匠心，展示出我国古代劳动人民的智慧、匠心与技艺，是中国传统建筑艺术的高超成就。烫样是依据图纸严格按比例制作的，是研究传统建筑的重要史料，通过研究烫样，不仅可以了解当时的建筑发展和工程技术水平，还能从中获悉一些当时的科学技术、制作工艺、艺术文化等相关信息。

三、沙盘

沙盘的使用历史也很悠久，在古代最早的应用是军事方面，是将领用来指挥作战的辅助工具。在《后汉书·马援列传》里有一个汉光武帝时期的事件，应该是史料中较早与沙盘相关的记载了：公元32年，汉光武帝征讨陇西的隗嚣，刘秀手下名将马援为方便进行作战分析，用米堆制了一个与当地地形地貌、场地环境相似的模型，这可以算是沙盘的雏形了。沙盘模型早期多用于军事用途，自第一次世界大战后，才开始用于建筑设计等领域。沙盘模型一般可分为简易沙盘模型和永久性沙盘模型两种，无论哪种类型都是根据实地地形、地形图或是航空影像等，按设定的比例堆制而成，其可以是用泥沙、兵棋等简易沙盘材料堆制，也可以用木材、塑料、纸板等相对耐用的材料制作。

沙盘一般是用来表现较大空间环境的微缩模型，表现的是实体空间的整体关系，不仅是建筑，还有山石、水体、植物、道路、铺装等，再加上周边的环境与地形地貌，能将建筑、园林等的设计意图转化成微缩实物，且表现较为整体和宏观，一般不涉及结构、构造等内容，主要目的是使观者能直观了解设计师的构想，对空间有整体的认知。沙盘模型多用于较大的场地空间展示，比如政府规划展示、房产开发销售、大中型设计方案展示、地形地貌展示、建筑物还原与修复工程等，也会用于制作经济发展规划和大型工程建设项目的模型等。

四、现代模型

随着时代的发展、材料的出新、技术的进步，模型的现代化也是与时俱进的必然结果。现代传统园林模型主要分为两大类：手工模型和数字模型。

现代的手工模型是在之前模型制作的基础上不断发展起来的，和之前的模型制作并没有根本上的差别，更多的是因为新材料、新工具的出现而发展形成的。诸如各种纸、泡沫、纤维板、玻璃、塑料、金属材料、黏合剂、颜料以及复合材料等，加上木、竹、秸秆、石等传统材料，并使用烙铁、数码切割机等现代工具，结合声、光、电设备，使得现代园林模型在外观造型的精致性、表现力、仿真度等方面都有了极大的提升。

数字模型不同于手工模型，是信息技术时代特有的模型类型，是基于计算机软、硬件支持下的新型模型。数字模型是利用计算机软件构建的数字三维造型。相较于手工模型，数字模型具有以下优点：模拟空间效果更好，可以进行动态化处理与表现，便于修改并保留过程资料，节省材料节约成本等。数字模型还能通过3D打印技术转化为实体模型，或者利用虚拟现实技术和设备，实现沉浸式交互动态三维模型视景体验。

第四节　传统园林模型种类

传统园林模型根据不同的目的和不同的角度，可以划分为不同的种类，如根据模型的制作材料进行分类，根据使用目的、不同设计阶段进行分类，根据成果展示形式进行分类等。

一、按制作材料分

传统园林模型由于元素较多，且基本无法用单一主材来实现，故按建筑模型的制作材料来进行分类，主要包括木质（含竹制）、纸质、塑料、金属、土制、复合材料等类型。

（一）木质模型

木质模型是传统园林模型最主要的一类，可以采用实木、胶合板、竹材等材料。木质材料较易加工，造型硬朗，雕塑感强，且其表面通过涂饰处理，还可以模仿多种材料效果。此外，传统园林建筑大量使用木材作为建造材料，这使得木质模型在表现实际效果方面具有天然的优势。

（二）纸质模型

能制作模型的纸有多种，纸相对而言价格实惠、易于加工、方便上色、容易黏结，但耐用性较差，容易受潮变形，不易长期保存，故而多被用于草图模型、短期保存模型等，也建议初学者用此练手。

（三）泡沫塑料模型

能用于传统园林模型的泡沫塑料有多种，该类材料质量轻、质地软、容易切割、便于制作，且价格便宜，但往往制作精度不太高，在传统园林模型中，多用于假山石的制作。

二、按设计阶段分

结合设计、建设不同阶段的相关环节，园林模型可以分为概念模型、设计模型、工程模型等几种。

（一）概念模型

概念模型比较抽象，对应于设计草图阶段，此时还处在概念构思的环节，不需要明确的细节，主要表现出整体框架和体块关系等，体现设计方向。概念模型的修改完善主要涉及整体关系的调整与提升，形体结构的增减与改变等。概念模型不一定很精细，但要保证尺度比例、体量关系的准确，并且在制作方式、选用材料等方面需要做到容易塑造，快速成型。

（二）设计模型

设计模型对应于方案设计阶段，是在构思方向确定后的环节，是表现成熟设计的模型，要求具有良好的展示性。设计模型有确定的比例，表现传统园林各要素——建筑、山石、水体、花木、铺地等的形态、材料、色彩、质感以及相互关系等。设计模型要求较为精细、准确，能表达清楚设计的意图和建成后的效果，不仅要有整体的关系，还要有细节的展示，追求与成品实际效果的一致性。

（三）工程模型

工程模型主要不是用来展示外观效果的，而是重点表现做法大样、结构构造等内容的模型，以发挥对施工建设的指导作用。传统园林的工程模型涉及建筑的结构构造、假山置石的构造做法、水体驳岸的施工工艺、园路铺装的做法大样等，能够展示隐蔽的或复杂的构造信息，方便施工方加深对项目建设的理解和掌握，以保障施工的顺利进行。除上述模型外，还有一些特殊的工程模型，如光能表现模型、压力测试模型、等样模型等，也可根据需要提供。

三、按表现形式分

按照传统园林模型最终呈现的表达方式，可以分为实体模型和数字模型。实体模型和数字模型不是毫无关系的两个分类，而是相互补充，并在一定条件下可以互相支持并转化的关系。

（一）实体模型

实体模型是通过实体物质来展示传统园林空间内容的模型，包括所有的手工模型和 3D 打印模型。实体模型基于图纸来制作实现，直观且易于理解，如果内容有修改调整，则需要对相关部分或者整个模型进行重新制作。

（二）数字模型

数字模型不同于实体模型，是基于计算机技术构建的三维虚拟模型。通过相关设计软件、建模软件、后期制作软件等，完成数字模型的建立。基于现有技术与条件，数字模型可以直接电子化展示，也可以运用 3D 打印技术转化为实体模型，还可以利用虚拟现实技术与设备，动态模拟实体空间，给人以交互式虚拟漫游体验。

第二章 传统园林模型构思与设计

第一节 构思与设计步骤

一、园林模型参观学习

制作园林模型前应先了解模型，而了解的过程离不开观察与思考。参观考察的过程能使学生深入了解模型的相关知识（图2-1-1、图2-1-2）。现如今，模型材料的丰富化、制作技法的多样化、模型应用的广泛化，使得模型能表达出园林整体面貌、地形高差和空间关系，并应用于园林设计、修复、展示等，让我们从另一个认知角度去看待园林。模型具有的提炼概括、直观立体、真实准确等特点是传统二维平面图不可比拟的。著名旅游景点、园林专业的高校、模型公司、大型博物馆等地往往会设置模型供人参观，其形式各有特色，专业人士会对模型制作的方法、步骤进行统一讲解。在模型参观考察的过程中应考虑以下几个方面：

图 2-1-1 园林模型展示 -1　　　　图 2-1-2 园林模型展示 -2

（一）视觉观赏内容

1. 模型外观效果

由于材料肌理、制作技法的不同，再加上和谐的色彩搭配，对于细节的把控等，园林模型各具特色。

2. 感受模型的魅力应从整体角度出发

思考模型的内容要素与空间比例关系，探究模型设计布局的整体性、合理性、联系性。

3. 模型细部构造

中小型园林模型比大尺度园林更具精度，小型园林更加注重细节，例如建筑屋瓦、铺地、植物等，而大尺度园林更注重空间关系。

4. 模型材料表达

随着时代的发展，新型材料不断涌现，模型质感也越发真实。可充分利用模型材料的差异，组合搭配应用于园林模型中。

（二）欣赏不同模型类型

园林模型可以分为概念模型、设计模型、工程模型等几种（图2-1-3、图2-1-4）。参观不同类型的模型，应注意以下几点：

1. 参观概念模型时，主要了解模型的设计概念、整体与局部之间的关系，不同模型的尺度感。

2. 设计模型则展示模型的景观效果，更多的是仔细观察模型的设计思路与形态效果之间的关系。

3. 工程模型表达的是重点、难点的节点大样、工艺做法等，这类模型具有结构科普意义，参观时应重点了解模型展示的构造做法，可通过拍摄、笔记的方式保存整理。

图 2-1-3　园林模型参观 -1　　　　图 2-1-4　园林模型参观 -2

（三）制作基本认知

在参观考察中可初步了解模型制作的基本流程与制作技法。所获信息还需实践检验、合理操作。有效掌握制作技法与加工手段可以帮助制作者即使面对复杂情况也能得心应手，若能娴熟掌握新型工艺则可以提高制作效率与精准度。

（四）模型评判标准

参观学习时，应学习长处，避免其出现的问题。制作好的模型难免有不足之处，涉及外在与内在两个方面。外在是指模型的外观效果，例如制作工艺、细部处理、模型材料、色彩搭配、环境氛围等；内在是指从模型设计的整体角度去思考，例如设计布局、空间要素关系等。

模型的空间结构比较复杂，要准确展现传统园林的形态、色彩、质感等，做到知行合一，把园林理论与实践相结合。通过对模型的参观考察可提高学生的认知和审美能力，深入观察可加强学生的实践和手工制作能力。

二、分析设计要求

制作模型时应围绕制作目的、要求、主题来设计。如有的是学校课程所布置的研究分析模型，有的则是应用于商业中的展示模型，两者的设计要求是截然不同的。学校课程多以研究与制作为主，目的在于了解、熟悉、掌握模型制作的相关知识；但是应用于商业中的模型则注重制作的效率。因而，设计前需要有专业知识储备，成熟的制作设备，同时还要充分了解模型设计的要求、目的、功能。

（一）需求

模型制作应满足设计需求，区分其是用于景观展示、商业售卖还是学习研究等，需求的不同将影响模型的尺寸比例、风格特色，并且限定了制作时的预算金额、模型精度、制作时长等。

（二）功能

模型类型不同，其功能也各不相同。制作模型时，需多查阅专业资料，研究传统园林实例，结合主题、功能、形式等要求进行相关设计。若是概念模型，则只需简洁地表达出设计意图即可。若是用于商业展示，则可适当提高造价预算，增添灯光效果，点缀一些渲染环境的配景，更艺术性地表达出成品效果。

功能也会影响模型材料的选用，长期展示的模型需要避免材料易潮、易燃等因素，防止模型损坏。

三、图纸绘制

图纸是模型制作的依据，具有重要的作用，可分为设计图纸与测绘图纸两类。设计图纸应用于设计初期需要绘制草图、制作草模的阶段，可通过纸板、黏土、泡沫塑料等便于上手、操作简单的材料，制作出大致的形态，待设计构思逐步完善后再进行下一步深入制作。测绘图纸是在对园林及建筑实体进行测量的基础上，依据测量数据按一定的比例绘制而成的图纸。图纸节约了设计时反复修改的时间。

传统园林以山水画作为创作依据，将其写意地营建于园林设计中。现如今，图纸不单单注重设计内容，也越发注重规范化、精准化、通俗化。

依绘制形式可分为手绘图纸与机绘图纸。图纸的主要内容应包括：总平面图，剖、立面图，各部分单体建筑的平、立、剖面图，爆炸图等相关图纸。

绘制图纸的过程主要可分为前期、中期、后期三个环节。

前期：与设计图纸、测绘图纸相对应，前期可分为设计初期和测绘初期两种。前者以草图为主要形式，需改善设计中的不足之处直至方案确定。草图的优点是能简单清晰地展现设计构思，表达设计思路，提高设计效率。后者是通过实地调研，组织人员测绘以获取精准数据。设计初期，在集体方案讨论中通过草图记录思想火花，将头脑风暴中的想法采用迅速搭建草模的方式来表达。这是一个讨论、试错、修改的阶段，应掌握用分析图、草图、草模来研究设计的合理性。确定好设计思路后，可进一步深化方案。

测绘初期，相关人员应熟练掌握基本测绘知识、操作方法和测绘要求，携带所需测量工具，例如卷尺、红外线测距仪、经纬仪、水准仪、全站仪等。工具会影响测量精度，应根据测量对象选择合适的工具。可以小组为单位对测绘对象展开测绘活动，测绘的数据应进行严格的整理校对，若是测绘数据有误或是有遗漏，后期应展开二次补测（图2-1-5、图2-1-6）。

图 2-1-5　前期实地调研　　　　图 2-1-6　前期交流讨论

中期：在前期设计构思或是测绘的数据确定后，可采用计算机软件如AutoCAD绘制图纸，或借助SketchUp推敲模型细节，也可手绘。按照图纸的顺序绘制平、立、剖面图，采用适合的比例，排列在图纸上。相对于计算机软件绘图手绘不易修改，可先用铅笔起好线稿，再用绘图笔正式上墨线。计算机软件绘图时先绘制好图形，再标注好尺寸比例。绘制图纸时也要确定好模型材料、尺寸比例、空间结构等（图2-1-7、图2-1-8）。

后期：后期图纸应规范化、精细化，统一格式要求，形成正式的施工图纸或模型制作图。设计成图后根据图纸购买模型材料，可一定程度上避免再次购买。若是计算机绘图，中、后期需要大量使用计算机软件，如SketchUp、AutoCAD、Rhino、Lumion、Mars 等，这些软件各有所长，具有强大功能，自由灵活、方便修改，能提高绘图效率，并可借助虚拟现实软件体验 3D 漫游效果（图 2-1-9）。

图 2-1-7　中期比例推敲

图 2-1-8　中期图纸绘制

图 2-1-9　后期效果图

四、制作环节

模型制作需考虑经济性、环保性。模型材料丰富，可替代性强，应选择适合的而非价格昂贵的材料。制作之前，应事先准备好材料和工具。模型制作的过程就是依据图纸把材料进行裁剪切割、打磨加工、组合拼装、润化上色、细节处理、修整完善的过程。

（一）制作步骤

1. 制作底盘，稳固模型

模型底盘具有稳固、装饰模型的重要功能，可避免运输中不经意的损坏，故而通常采用不易变形、质地好的材料。制作前应根据图纸确定好底盘的尺寸、形状、材料。可采用木板、纸板或者聚苯乙烯板等材质，并概括性地表达出水面轮廓，如采用水波纹的透明胶片或者带有类似水纹理的玻璃（图 2-1-10）。

2. 堆积地形，构建骨架

地形是园林的骨架，堆叠地形在园林模型中起着十分关键的作用，可利用等高线的特性概括性地表达出高差变化，制作时应以图纸为依据，可简单概括也可详细具体，采用木板、PVC板、石膏等材料，通过层叠法、拼削法、石膏浇筑法等处理高差地形（图2-1-11）。

图2-1-10 制作底盘　　　　　图2-1-11 堆叠地形

3. 布置建筑，形成主体

园林建筑是模型中的重要组成部分，在模型中也是制作难度较大的部分。园林建筑是园林主体部分，形式有厅、堂、楼、阁、轩、榭、斋、馆、亭、廊、舫等。最常使用的是木材搭接法，用激光雕刻机依据模型图纸按比例切割好建筑木构件，再通过胶水等精细搭接建筑的主体与屋顶部分（图2-1-12）。

图2-1-12 建筑模型搭建

4. 制作配景，丰富环境

假山是园林的特色所在，可采用泡沫块以烫制或削切等手段处理成假山石的形体。水体表达技巧多样，例如滴胶浇筑（图2-1-13）、垫底平贴、挖切反贴等。可用仿水胶水凝固后刻画水纹，或是在模型底面平贴水色纸。最后添加园林配景表现园林特色，虽其制作材料丰富，形式多样，但是应以简洁为主，切勿因烦琐而喧宾夺主（图2-1-14）。

图 2-1-13　滴胶筑水　　　　　　　图 2-1-14　模型上色与布置配景

5.装饰处理，完善细节

色彩可凸显出园林特性，苏州传统园林建筑素以粉墙黛瓦、典雅清淡为主。对园林模型进行着色时，颜色搭配要美观合理，使模型色彩和谐统一。最后检查模型的不足之处，并对局部进行修整处理。制作好的模型还要添加名称、指北针、比例尺等。

（二）拍摄保存

搬运模型容易对模型造成损坏，可采用相机对其拍摄存档。拍摄时需注意以下事项：

1.相机选择

相机主要分为数码相机和胶片相机两类。可采用专业数码相机拍摄保存，便于后期处理。

2.光线选择

拍摄需调整好光线角度，过亮或过暗都会影响模型效果，适当的光线处理可以更好地展现模型效果。

3.场景布置

拍摄前应选择合适的背景，可采用纯色背景来衬托模型，或者利用自然的天空和绿地作为背景（图 2-1-15）。

　　　　　　　　　　　　图 2-1-15　场景拍摄

第二节　园林要素

一、建筑

（一）常见园林建筑形式

建筑在园林中居于主体地位，同时也是园林模型的精髓所在。传统园林建筑极具特色，其结构形体、外观风格具有差异性，不仅可以提供舒适的观景视野，并且具有供游者日常居住、观赏游览、休憩停留等功能，还具备点景、观景、导向等作用，展现出古代人民高超的工艺、卓绝的智慧、独树一帜的审美，具有极高的观赏价值。园林建筑形式有厅、堂、楼、阁、轩、榭、斋、馆、亭、廊、舫等。不同建筑的体量大小、尺度比例、结构材料皆不同，屋顶形式也有讲究，在制作时切勿混为一谈（图 2-2-1～图 2-2-6，表 2-2-1）。

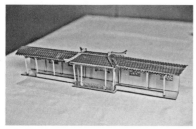

图 2-2-1　廊

图 2-2-2　堂

图 2-2-3　亭

图 2-2-4　榭

图 2-2-5　轩

图 2-2-6　斋

建筑类型简介　　　　　　　表 2-2-1

名称	功能	外观特征	制作重点难点
厅、堂	厅和堂常作为待客、处理事务、宴请的活动场所	体量大、装饰精美，圆形梁架为堂，扁作梁架为厅	古建筑的大木构架、建筑屋盖与筑脊发戗的制作较为复杂。大木构架具有承载的作用，多采用抬梁式结构，制作具有一定难度，不能急于求成，需要一定的耐心
楼、阁	楼和阁具有观景、储物、居住、休憩功能	楼至少有两层，高度超过其他建筑；阁与楼相类似，多为两层	
轩、榭	轩和榭具有观景、游憩的功能	轩形式多样，一般体积不大；榭多设隔扇门窗，置于高台或水边	
斋、馆	斋多作为书房；馆可作书房，可作临时居住的场所	斋、馆的建筑形式多样，规模可大可小。但周边环境力求幽静雅致，视线不过分通透	
亭	亭主要具有休憩、纳凉、观景、点景的功能	亭形式多样，体积小，四面开敞，多设座凳栏杆	亭的屋面、筑脊发戗的制作较为复杂，要想生动逼真，需仔细处理好屋面效果
廊	廊可分隔、联系空间，可供行走，能提供遮风避雨、休憩纳凉等功能	建筑之间行走时曲折的通道，其上有顶，通过柱子承载，可单面或双面观景	廊作为连接建筑的通道，具有曲折性，廊的屋面以及屋面的转折处需耐心处理
舫	舫具有休憩、娱乐、游赏、宴饮等功能	与游船相类似的建筑物，有前舱、中舱、后舱等空间	舫的造型优美，立面效果极佳，但制作不易。舫的建筑屋盖、筑脊发戗的制作极为复杂

（二）江南园林常见的建筑屋顶形式

在制作园林建筑模型时，要区分建筑的屋顶形式。中国传统建筑常见的屋顶形式有庑殿式、歇山式、悬山式、硬山式、攒尖式、卷棚式等。庑殿式是屋顶形式中的最高等级，一般只应用于皇家建筑中，本章节不作介绍。

1. 歇山式

歇山式屋顶的规格低于庑殿式屋顶，有单檐和重檐的形式。屋顶有1条正脊，4条垂脊，4条戗脊。屋面前后为整坡，左右两面为半坡，半坡上部为山花。在江南传统园林中，重要的建筑可采用歇山式屋顶。

2. 悬山式

悬山式屋顶的建筑等级低于歇山式屋顶，屋顶有1条正脊，4条垂脊，屋面两端均长于墙面，悬空挑出，屋檐悬伸到山墙外，悬挑于空中的屋面可用于排水。悬山式屋顶是古代平民屋宅中使用的屋顶形式之一，苏州地区使用较少。

3. 硬山式

硬山式屋顶的建筑等级低于悬山式屋顶，有1条正脊，4条垂脊，屋面与山墙相交齐平，共有前后两个斜面，具有一定的防火功能，是古代平民屋宅中最常使用的屋顶形式。

4. 攒尖式

在园林中常有攒尖式屋顶的建筑，因其造型优美，增加了建筑的观赏性。园林中的亭、榭、塔等建筑可采用攒尖顶形式。

5. 卷棚式

卷棚式屋顶没有正脊，其正脊处为圆弧形，与有正脊的屋顶具有不同的观赏性。可与其他屋顶形式相结合，如卷棚歇山顶、卷棚硬山顶等。

二、山石

（一）园林假山

假山模型的制作与真山类似，亦有主次之分，正如《园冶》中所说："中竖而为主石，两条旁插而呼劈峰，独立端严，次相辅弼，势如排列，状若趋承。"

假山具有观景游览、分隔空间、组织游线等多种功能，极富变化。叠山以自然山水为蓝本，即使是简单的置石也能达到"寸石生情"的深远意境。所以假山模型的制作并非易事，需了解石料的基本特征。可采用泡沫烫形、油泥塑形、煤渣堆叠等方式，展现山石之神韵。

（二）园林置石

古有"米芾拜石"之说，那些形态各异，独具特色的置石自古便备受文人雅士的青睐，多点缀于院落、建筑、水池。置石虽起点缀作用，却能以小见大，增添山林之感，正所谓"一拳则太华千寻，一勺则江湖万里"。置石多以太湖石为佳，以体现湖石的瘦、皱、漏、透之感。石的体量也有讲究，需避免置石的体量过大而喧宾夺主。置石与假山一般，多讲究石的形体神韵，可采用与假山相似的制作方法来塑形，寻求大小、宽窄、曲直、高低的变化，切忌呆板厚重。

（三）假山石料

江南园林叠山主要采用太湖石、黄石这两类石料，不同石料堆叠的假山效果迥异，可渲染出不同意境的环境氛围（图2-2-7、图2-2-8）。大体来说，太湖石多以灰白为主，黄石多以黄褐色为主。太湖石表面多孔洞，造型各异、面面可观、线条灵秀飘逸，如同天然雕琢的艺术品，具有"瘦、皱、漏、透、奇、绝、怪、飘"的特点，仿若峰峦洞穴。黄石质地坚硬，表面无孔洞，线条刚正，呈块状，面与面之间多垂直，显得棱角分明、雄浑刚正。其单独观赏价值不大，但叠山参差错落，更显高耸险峻。

图2-2-7　太湖石假山　　　　　　　　图2-2-8　黄石假山

三、水体

园不可无水。从古至今，水体都是最佳的配景之一，在模型制作中也不例外。为达到逼真的水景效果，表现自然水体形态，应区分园林水体的不同之处。园林水体形态按照水面布局可分为集中式、分散式两种。集中式布局的水面比较规整，多集中于一个区域。而分散式布局的水面有大有小，大水面空间开阔，小水面蜿蜒起伏，若隐若现，传统园林常以水为纽带，贯穿全园而又意趣无穷。园林中的水又有动静之分，动水如溪、泉、瀑等，静水如池、潭、河、湖等。园林水体表现形式多样，或烟波浩渺，或平静深幽，或飞珠溅玉（图2-2-9）。

图2-2-9　水的不同表达形式

四、花木

（一）花木配置

园林模型中的花木可表现乔木、灌木，地被、水生、藤本植物等。植物虽为配景，但每类植物的特色在环境中均发挥重要作用。配置植物时，应考虑植物的形态、高度、色彩等，更应注重其文化内涵，营造出与园林意境相契合的景观效果。例如，水岸边最适宜种柳树，杨柳依依，姿态优美；山石间点缀松树就有了咫尺山林的意境。

（二）常用传统园林花木

植物在园林中并非只是造景要素，意向化的表达也给园林增添了几分文化意趣。植物的特性像是造园者的语言符号。梅、兰、竹、菊被称为"花中四君子"，常被看作坚韧不拔、自强不息的品质象征。"岁寒三友"为松、竹、梅，体现出高风亮节、淡泊名利的精神。而另一些植物因为外形、姿态、特性被赋予了美好寓意，正如松树有长寿之意，石榴有"多子多福"之意，"桂"同"贵"等（表2-2-2）。

常见传统园林植物 表2-2-2

名称	外形特征	寓意
竹	四季常青、修长挺拔，竹叶奇特，如同"个"字	坚贞、儒雅、谦逊
松	树木苍翠、叶型如针，姿态挺拔，树干尽显沧桑遒劲之美	长寿、坚贞、归隐
芭蕉	以观叶为主，叶子宽大如蒲扇，青翠碧绿，形态优美	富贵、兴盛、团结
银杏	枝干高大、叶型小巧如折扇，叶色金黄，独领秋季之美	长寿
荷	夏季碧绿、大如圆盘，香远益清、亭亭净植	高洁、清廉
梅	花小而俏丽，花色娇柔淡雅，花香清冷独特、沁人心脾	坚强、高雅、风骨俊傲
牡丹	花大艳丽，富丽华贵，花开之时可艳压群芳	雍容端庄、富贵吉祥
桂花	四季常绿，花朵小而繁多，拥簇枝头，淡雅不艳	富贵崇高、吉祥如意
玉兰	花大叶阔，花开时无叶，高雅清淡，有白、紫两种颜色	高洁坚贞、吉祥如意
山茶	花大逾碗，色泽艳丽，可一枝独秀，也可三五成群种植	谦让高洁、富贵祥瑞
石榴	花小巧艳丽，给人喜庆吉祥之感，树干劲壮古朴	多子多福、家族兴旺

五、其他

模型中建筑、山石、水体、花木等要素固然重要，景观配景也必不可少。桥、铺地、人物等亦是园林中的重要组成，加入这些巧妙的细节，可增加园林模型的精致性和观赏性。

（一）桥

桥作为横跨水面的构筑物，造型小巧轻盈，具有通行和观赏功能。园林中有平桥、廊桥等。平桥可分为直桥和折桥，直桥供人通行的桥面为直线，折桥则有三折、五折、七折、九折之分。廊桥是桥与廊的功能相结合，桥上设廊，既保证行走的通畅，也能遮挡风雨，模型制作时应保证尺寸合理。

（二）铺地

园林道路具有引导游览的作用，所谓"路因景曲，境因曲深"，道路力求曲径通幽，制作应该体现出高差关系。园林铺地时由卵石、碎石、瓦片、砖等材质铺设成各种的图案，如植物、动物、纹样等，不仅丰富了行走的乐趣，而且具有浓厚的文化内涵和象征意义（图2-2-10）。铺装可喷绘、机刻，也可拼接，过于复杂的道路铺装可采用具有比例的铺装贴纸。小比例模型，可不必过多考虑道路细节。

图 2-2-10　网师园铺地

（三）人物

不同人物形象可满足不同模型场景，添加上人物的模型会显得更加生动形象，而单一的模型远没有添加人物的模型来得饱满（图2-2-11）。人物在模型中具有衡量尺度的功能，对于非专业人士来说，增加人物使得模型的尺度比例有了参照。人物可采用黏土、木头切片、纸材等材料制作，也可购买成品。

图 2-2-11　人物配饰

第三节 设计要素

一、布局与关系

设计前期应对园林模型的尺度比例、空间形体、制作材料、色彩搭配进行构思。江南传统园林以私家园林为主，多采用内向布局，园内的景物都是以主景为中心进行布置。厅堂作为园内最大的建筑，多处于主要景区，主景部分必定最耗费时间和精力，主体建筑更是精细制作的重点。而园林建筑之外的假山、置石、植物、水体无一不体现景到随机、不拘一格的原则，正如《园冶》中所说："宜亭斯亭，宜榭斯榭，不妨偏径，顿置婉转，斯谓'精而合宜'者也。"

园林布局讲究主与从、疏与密、藏与露，这样便可突出主景，丰富园景。建筑、山石、水体、花木亦是如此。园林空间都经过巧妙设计，大的空间开阔，小的空间曲折，园林内空间联系紧密，视线通透，景物之间相互依存，脱离彼此就不能完整地呈现传统园林的最佳效果。这些手法和原则在模型制作时也应加以考虑，正如绘画临摹一般，临摹其神韵和境界而并非单纯地临摹其形，模型制作也应体现园林的精髓所在。

二、形体与结构

传统园林建筑多采用对称式布局，无论是高大的厅堂还是小巧的亭榭，都讲究对称方正、平衡稳定之感，具有造型优美的外形与复杂的内部构造，体现出中式建筑的中庸之美。但园林建筑趋于自然，强调有法而无定式，形式没有定规。以亭为例，有扇形亭、圆亭、方亭、六角亭、八角亭、十字亭、双亭等多种样式，体现了"构园无格"的园林美学观。

园林建筑通过木构件，如柱、梁、枋、椽、斗拱等，可组成结构复杂的建筑形式。在模型制作中，依据建筑梁架形式，采用梁、桁与柱等形成横向拉结，承载荷载的结构，落地长窗、半窗布置于柱间，结合墙体组成建筑的主体部分，其上搭设屋顶、铺设瓦片（建筑屋顶形式见本章第二节园林要素的建筑部分）。假山的构造相对简单，假山主要由基础层、中层、收顶组成，在模型制作中只需展现出精美的形体关系以及假山的自然之感即可。

三、比例与尺度

比例是园林模型制作中需要一直注意的，无论整体尺寸是放大还是缩小，同一模型的各组成比例须保持不变。其中，园林建筑模型的比例最为严格，若比例尺度不准确，很容易造成景物之间的相互不协调。比例也会影响到模型的细节（图2-3-1），随着模型比例的减小，更加注重的是模型的全局尺度关系，小的细节往往会被简化。随着模型比例的增大，模型的细节表达程度就会越高，甚至材料的纹理质感都需有所表现。

图 2-3-1 园林模型比例关系的体现

"巧于因借，精在体宜。"实体园林景物之间尺度适宜，园林模型也应以现有园林景物尺度为参照。景观要素的尺度关系更多体现在视觉的对比上，若在高耸的假山上修建一座尺度大且笨重的亭子自然是不合适的，高大的亭子在视觉上显得沉重。若修建一座小巧轻盈的木构凉亭，凉亭则显得格外轻巧，由此可见尺度的重要性。

四、材料与质感

园林模型的材料各式各样，不仅包括制作材料，还包括测绘工具、制作工具。根据材料的使用可分为主材和辅材，主要的模型材料有纸材、木材、塑料、泡沫材料、金属材料等，其硬度、韧性、质感存在较大的差异。由于纸材色彩繁多、种类丰富、纹理多样，在模型制作中最为常用。

制作园林模型的材料可从质感、肌理、特性、厚度等角度去选择，这些材料可单独制作，也可相互组合使用，可根据设计要求来选择不同的材料及其纹理质感。模型底座可采用高密度板、聚氯乙烯（PVC）板、ABS

塑料板等材料；建筑可采用木材、纸材、塑料、有机玻璃等制作；制作园林道路的材料丰富多样，木材、纸材、塑料、泡沫等都可使用；假山可采用石膏、黏土或油泥、泡沫板等；植物可采用草绒纸、绿地粉、波纹片等；铺装可采用纸材、木材、塑料板等。

不同材料的制作技法亦有差异。例如纸材只需裁剪、折叠，并用胶水粘贴好即可。木板材则需裁剪、切割，并进行打磨，再使用胶水粘贴组装，最后修整模型。若是用有机高分子合成塑料，例如有机玻璃、ABS 塑料板等，需要先选择一定规格厚度的材料，再画线放样，待修整切割后，用锉刀进行统一处理，通过打磨、粘贴、组合，最后上色修饰。由于材料具有不同特性，所以制作技法的工序也有差异。

五、色彩与装饰

模型中的色彩与装饰，属于细部处理（图 2-3-2～图 2-3-4）。色彩会影响模型的外观效果，和谐的色彩可以锦上添花，会衬托模型更加逼真、有质感，而突兀的色彩会破坏模型的整体效果。正因如此，需掌握好色彩的搭配原则，如何使模型获得更好的展示效果，色彩处理极为关键。

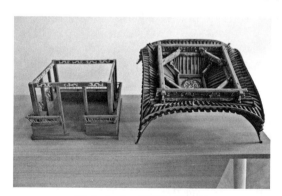

图 2-3-2　模型细部处理

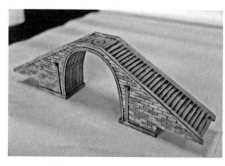

图 2-3-3　桥的细部处理

图 2-3-4　色彩装饰

传统园林中的色彩给人不同的视觉感受，色彩也能体现园林模型的特色，正如江南园林素淡雅致，北方园林色彩明艳、对比强烈。制作模型的材料本身具有固有色，若固有色与园林模型相冲突，并且色彩单一无变化，很难打造出逼真的模型场景，需要通过补色的方式来营造色彩效果。另外，一些精致的花纹图案、建筑构件细部等难以精细制作，就可以通过上色的方式，使得园林模型场景更加真实。上色后的建筑模型可进行润色处理，通过细节表达增加传统建筑的沧桑感。模型上色可采用喷涂、笔涂、浸染、电镀等方式，在不脱离物体固有色的前提下，可少量多次，通过颜色塑造物体细微的质感，还可采用刷涂、块涂、薄涂、点涂、擦涂等上色手法，借助喷笔，对局部润色处理。

（一）主建筑色彩

园林建筑模型常利用涂料喷涂在建筑表面，形成建筑单体简洁素雅的色彩美。建筑多偏冷色，灰度深浅不一，常用的有青灰、深褐、朱红等。

（二）植物色彩

园林中的植物四季变化丰富，在模型色彩表现时，可通过色彩三要素——亮度、明度、饱和度之间的高低变化来调整植物的色彩变化关系。春季和秋季色彩变化最为丰富，春季多偏红，秋季多偏黄。

（三）假山色彩

假山上色需要考虑石材的种类，例如太湖石和黄石就存在较大的差异：太湖石的色彩多为灰色，有灰白、青黑、褐黄等，但以灰白为主，色调偏冷；黄石相较太湖石色彩艳丽，多为黄褐色，明度和饱和度较高。

（四）铺地色彩

铺地采用不同的材料组合，大多色彩素雅，也可有些许艳丽颜色的材料作为点缀。铺地色彩应与周边环境相互协调，达到和谐统一。

六、配饰

园林建筑模型虽在模型制作中占有重要地位，但配饰亦具有画龙点睛的作用，是模型中不可缺少的部分。充分利用模型配饰，可强化环境的氛围感，避免环境的简单化，丰富模型细节，使之更生动真实。模型配饰精度与比例有很大的关联性，若园林模型比例大、精度要求高，则细节部分需要添加配饰来点缀模型，丰富模型层次（图 2-3-5）。若是草模或是小比例模型，则可不添加配饰。

图 2-3-5　园林人物模型

第四节　图纸绘制

一、绘制意义与绘图软件

（一）图纸绘制的意义

图纸是设计者与制作者之间沟通的语言，同时也是设计内容的展现，能在一定程度上提前规避制作风险。绘制图纸使我们在制作之前能对制作成果进行多方案比较，从而找到最合适的比例去表达真实的纹理质感和色彩构成，使模型能在满足要求的基础上更加美观、更具艺术性。由于资金有限，我们在制作模型之前可通过图纸做好计划安排，对设计不合理之处进行修改，对不必要表达的细节进行简化。完善后的图纸可清晰地预知所需的资金状况，对所需材料的型号、数量有全面的了解。所以说图纸对制作模型有预算、检查、指导的重要意义（图 2-4-1）。

图 2-4-1　园林效果图绘制

（二）辅助绘图软件

AutoCAD 是最广泛使用的绘图软件之一，可转化成多种格式应用于其他软件，有强大的尺寸标注功能和完善的图形绘制功能，能精准绘制复杂图形，所得为矢量文件，使用方便。从前期的草图到正式的模型图纸，AutoCAD 发挥了重要的作用。

常用的 3D 模型软件例如 SketchUp、3DS MAX、Rhino 等，可用于专业 3D 建模。SketchUp 由于操作界面简单、易上手，适合推敲方案。3DS MAX、Rhino 软件建模精度高，可满足高质量出图需求。

后期渲染、动画制作可采用 Lumion、Mars 等软件，Lumion、Mars 可编辑传统园林场景，制作园林漫游动画，其界面简洁、操作方便，具有高质量渲染的功能。Mars 可提供 VR 沉浸式体验与 3D 立体漫游，增强感官体验。

后期处理软件可用 Photoshop。作为设计师必备的图像编辑处理软件，该软件具有图形绘制、图像编辑、色彩处理、图文编排等功能，对于拍摄保存的模型作品还可通过 Photoshop 轻松优化处理，不论前期还是后期都能发挥其强大优势。

二、制图形式与图纸内容

（一）制图形式

图纸是模型制作的依据，绘制图纸是设计构思的最后一步，同时也是关键环节。绘制的图纸有模型制作图纸、爆炸图、效果图等。模型制作图纸表达的是图纸的尺寸比例，平、立、剖面布置，节点大样图，结构详图等内容。而爆炸图、效果图则注重表现立体空间效果，真实展现设计构思。

图纸的基本图幅主要有：A0、A1、A2、A3、A4，图纸大小根据设计内容而定，常用的制图单位为 mm，图纸应有边框和图签栏。绘制图纸可参考《房屋建筑制图统一标准》GB/T 50001—2017。每张图纸应规范制图且格式保持统一，其中组成图纸的基本要素，如图形、文字、符号、尺寸、标注、线型、线条等级等都应统一。模型制作图纸需要有准确的尺寸标注与详细的文字说明。CAD 图纸上可采用色号、线条粗细、线型、图纸符号等进行区分，平面图还需添加指北针。每张图纸都应标注图名、比例与比例尺，图纸的文字大小应保持一致，需要做到清晰易懂、统一规范，以避免或减少模型制作时数据的不准确及预算的不可靠。

（二）图纸内容

一套完整的模型图纸包括目录、设计说明、基本图纸（总图，平、立、剖面图）、细部详图等。模型制作图的目录需要列出所有图纸内容，可以起到整合图纸、快速定位、查找图纸内容的作用。

设计说明在图纸中起到解释说明的作用，图纸中的设计依据、参考书目、模型的规模大小、制作工艺、技术要点等相关内容宜在说明中叙述。此外，还需说明模型中的竖向控制、高差变化采用的标高系统，模型中各植物种类的图例或制图标记，采用的材料、工具、技术以及特殊制作的工艺、步骤等内容。

模型图纸没有施工图纸严格、完整，可省去一些模型制作不涉及的图纸，如施工图纸需要的水电布置图、结构详图等。图纸主要在于能表达出设计的主题、构思、内容，若是想要更加清晰直观的效果，方便制作人员的理解，可适当增加一些彩色的手绘或者电脑效果图，这样可对模型效果有个初步设想。另外，还要把相关联的图纸紧密合理地布置在图纸中，以方便查阅。

（三）注意事项

1. 保证图纸清晰易懂，复杂的内容可先总后分再详，来清楚表达设计意图。

2. 图纸应简洁但又准确地表述设计，内容的布置、排序应有逻辑性，尤其是详图部分，应能快速定位相关图纸，节省时间。

3. 图面应饱满协调，按照制作顺序来分类排列图纸，注意图纸的美观性。

三、比例标注深度要求

模型讲究尺寸比例的精准度，不能特意夸大变形。绘制图纸时，模型比例非常重要，合适的比例可节省模型材料，降低造价。模型比例缩放的数值应保持统一，并且需要充分考虑能否全面、有效展示园林模型。比例的选取根据面积、精度要求而定，特大型园林可采用 $1:500 \sim 1:2000$；大型园林可采用 $1:100 \sim 1:750$；中、小型园林可采用 $1:20 \sim 1:100$；细部的结构可采用 $1:5 \sim 1:50$ 的比例，根据需要甚至可以使用 $1:1$ 制作等比例模型。

模型比例与资金、效果这两者都直接相关，大比例模型，其尺寸较大，所用的材料也会随之增加，而模型比例的大小也会影响适合使用的材料种类，比例越大则材料就容易显得粗糙，比例越小材料搭配则显得更加细致。考虑到资金的预算，选择合适的模型比例，可减少制作时长，提高制作效率，避免材料浪费。另外，要制作整体传统园林模型可采用较小的模型比例，若是制作园林院落或建筑单体模型可采用较大的模型比例，以便能更清晰地展示。

四、外观效果控制

外观效果的好坏取决于制作者对造型方式、空间布局、比例尺寸、外观效果的把控，普通园林建筑模型其制作远不如园林建筑营建那么复杂，除了专门制作古建筑结构展示类模型外，只需要做到与园林建筑外观相一致便可，这也是园林模型的便捷之处。

外观精美的传统园林模型离不开材料、质感、色彩三者的相互配合。需做到比例合宜、材料匹配、色彩和谐，在绘制图纸时我们就需有总体的构思和全面的控制。可借助计算机辅助设计软件大致表达设计意图，加上交流讨论，以求得到更好的整体方案。除了提前构思好园林模型之外，模型色彩、质感的表达可产生真实感，配景可增加环境氛围。在模型展示和拍摄时，还可提升场景灯光效果，选好拍摄角度，将模型置于视觉的中心位置，使模型更具观赏性。

第三章　传统园林模型制作的材料与工具

第一节　材料

第二节　制作工具

　　材料和工具是传统园林模型制作的基础，适宜的材料对于模型的表达至关重要，得心应手的工具更是会提高模型的制作效率，而且不同的材料制作出的模型将呈现各具特色的艺术效果，在条件允许的情况下，制作者应选择最能体现传统园林古朴、典雅风格特点的材料制作。

第一节　材料

一、材料的分类

　　建筑模型的制作材料丰富多样，不同的材料有不同的特性与使用方式，需要采取不同的加工技法，对材料进行合理的分类，避免材料特性应用不合宜所造成的浪费。材料可根据以下几种常见的方式来分类。

（一）按化学成分分类

　　模型材料根据化学成分可分为有机材料、无机材料、复合材料等。

　　有机材料包括纸板、竹木、塑料板、胶粘剂等，而无机材料包括各种金属、石材、陶瓷等。在模型制作中也会使用复合材料，如各种塑料金属复合板以及复合材料制作的成品构件等。在制作模型前要根据材料的特性选择，并确定最合适的模型制作方案。

（二）按成品形态分类

　　模型材料可根据成品形态分为块材、板材、片材、杆材、管材等。

　　块材是指体量较大，截面长宽比小于3∶1，厚度较厚，尺寸通常与截面长宽相近，在外形上呈现出分量感的材料，常用的材料有泡沫块、实木块等，通常用来做模型的加厚基座。板材是指截面的长宽比在3∶1以上的材料，厚度一般为1.2～3mm不等，包括各种木板、金属板、亚克力板等。片材截面长宽比也在3∶1以上，但厚度一般在1.2mm以下，包括各种纸张、木片材等。杆材的长度为截面边长或直径的10倍以上；而管材与杆材形态相似但为空心。杆材、管材与实体的传统园林建筑的梁柱相仿，常作为梁柱的材料使用。

（三）按材料质地分类

　　模型材料根据材质分为纸材、木材、塑料、金属等。

　　纸材价廉物美、适用范围广、易于加工和塑形。木材纹理美观、涂饰性好，我国传统建筑绝大多数为木构建筑，因此木材在传统园林及建筑模型制作时有更强的实体表达效果。塑料的装饰效果最佳，色彩多样，肌理变化丰富，适用于建筑的玻璃、园林的水面，甚至在假山置石结构部分也有所应用。金属材料硬度高，表面光滑，能起到很好的支撑作用与装饰效果。

二、纸材

纸质材料因其种类多样、物美价廉、适用广泛、表现能力强，在制作模型时应用较多，但其材料物理特性较差，强度低、吸湿性强、易受潮变形，因此一般纸质材料不独立使用，多用于不长久保存的模型，或作为其他型材的制作基础。常用于传统园林模型制作的纸质材料主要有卡纸、瓦楞纸、厚纸板、皮纹纸、软质纸等，可以根据材料特性进行适当选择。

（一）卡纸

卡纸是一种纸质较厚的纸材，根据色彩可分为白卡纸和彩色卡纸，根据表面质感可分为光面纸和纹面纸。卡纸易加工、价格低廉、色彩多样，在建筑模型制作中，多用来做表面装饰层，如传统园林建筑的墙体部分可选用白卡纸为主要材料，此外还可以用来做简易模型、构思模型的骨架。简易家具和部件，如楼梯、栏杆等也可以用卡纸制作，尽管其质量较轻，容易安放到其他模型上，但是存在易变形的问题，故而常用多层卡纸黏结的方法加固使用。

（二）瓦楞纸

瓦楞纸是由平面纸与波纹形纸粘合而成的厚纸板（图 3-1-1）。根据波纹形状的不同分为 V 形、U 形和 UV 形三种。根据瓦楞纸厚度的不同，可分为双层瓦楞纸板、多层瓦楞纸板（最多可达 11 层）。双层纸板常用来制作传统园林建筑中的屋顶瓦楞，刷以颜料或亮胶可以做出琉璃瓦质感；多层瓦楞纸板可以用来做模型基材和建筑支撑材料。但是由于其边缘裁剪后会变粗糙，不适合小体量精细模型的制作。

（三）厚纸板

厚纸板厚度有 1～2mm，其加厚部分较瓦楞纸更密实。厚纸板表面易于涂刷，图案色彩丰富，但其有质地软、易受潮的缺点，一般在制作模型时不单独使用，通常要增加骨架组合支撑重量，较适合做模型不承重的部分，比如可作为模型的底板封边，以起到美化边缘的作用（图 3-1-2）。

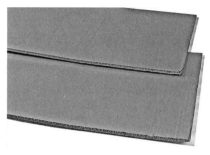

图 3-1-1　瓦楞纸

图 3-1-2　厚纸板

（四）皮纹纸

皮纹纸是各种经特殊处理的艺术纸的总称。常用于模型的有花纹纸、压纹纸、草绒纸等。皮纹纸纹理丰富、色彩多样，纸面的设计效果各有不同，可以作为建筑模型表面装饰（表 3-1-1）。

常见皮纹纸类型　　　　　　　　　　表 3-1-1

类型	花纹纸	压纹纸	草绒纸
特点	纸质较薄，表面印有各式花纹，装饰效果好，价格较贵，可根据所需图案自助打印，打印时要注意图案比例的选择	单色印刷，印有呈现凹凸感的压纹，更具立体感和真实性。但颜色有限制，常用的颜色有灰、绿、米黄和粉红等	表面呈现毛绒材质，颜色有黄色到绿色不等，背面附胶，操作方便，但是做出的草坪真实感较差
应用	常用作复杂场景的装饰性材料，室外装饰如铺地、水面、墙面、屋顶等，室内和建筑外观如木制品、大理石、壁纸等	常用来制作园林铺装的纹理、建筑墙体	一般用来制作大面积的平坦草地，在曲率变化较大的地形中具有一定的局限性

（五）软质纸

最常用的软质纸类非纸巾莫属，其质地柔软，吸水力强，具有很好的可塑性。纸巾与白乳胶结合，既可以营造石景表面粗糙的纹理，又可呈现出理想的传统园林地面表现效果。具体做法是先在 PVC 板材上铺一层纸巾并刷上白乳胶，待胶干之后用颜料对其进行涂饰。

三、木材

木质材料是制作传统园林模型最常用的材料，在制作传统木构建筑模型时具有极其突出的表现力（图 3-1-3）。该材料具有强度较高、重量较轻、价格较低廉、纹理美观、涂饰性好等优点，缺点是易变形、易燃、易腐、易蛀、易受潮，对加工工艺要求较高。树木原生环境的差异造成各种木材性能之间也存在较大差异，因此木制模型的材料要根据模型需呈现的效果进行选择。木材根据切割的长宽比不同，可分为片材、板材、杆材等。

图 3-1-3　木制传统园林模型

木质片材厚度较薄，一般在 0.4~1.2mm 不等，外形与厚纸板相似，但厚纸板易受潮、易折损的问题木质片材都可以规避，该材料坚挺耐用、有很好的韧性和弯折度。材质多选用榉木、枣木。还有一种背部粘有纸板的片材，更易于涂胶固定。片材一般用于较薄的建筑墙体，或作为模型灯箱的镂空雕花外壳，因其具有很好的透光性，故有轻盈之感。

板材较片材略厚，并且根据树木的横截面尺寸，可划分为不同的长宽比规格（图 3-1-4）。板材一般呈现平面形态，曲面一般用片材表现。建筑模型制作中，板材可做木制模型的外墙，也可做模型的底盘。

杆材常用直径在 1~12mm 不等，长度与直径成正比，一般在 200~1000mm（图 3-1-5）。选材时应根据模型比例选用适合的规格。根据形状主要分为方杆和圆杆，方杆一般用来制作建筑的戗脊、门窗边框、楼梯、细部支撑构造等，圆杆一般用来构架梁柱、屋顶、栏杆等。

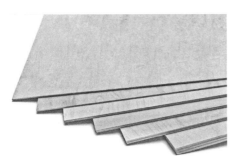

图 3-1-4　板材

图 3-1-5　杆材

四、塑料

塑料属于高分子聚合物。其优点是强度刚度高、可塑性强，可用于复杂曲面的表现，易加工、易黏结、稳定性好、涂饰表现好。但在传统园林模型的制作中优势不强，难以体现传统园林古朴的风格，通常只用于小面积的模型制作或结构模型的展现。根据其热变形性质，可将塑料分为热塑性塑料和热固性塑料。常用于模型制作的塑料有 ABS 塑料板、亚克力板、有机玻璃板、PVC 板及泡沫塑料等。

（一）聚氯乙烯（PVC）

聚氯乙烯简称 PVC，模型制作采用的 PVC 主要有板材、杆材、管材。

PVC 又分软质和硬质两类。软质 PVC 含有柔软剂（与硬质 PVC 的区别），表面有光泽，柔软，不透明，耐磨、耐腐蚀，抗撕裂性较好，但容易变脆，不易保存。硬质 PVC 无毒无污染、柔韧性好、易成型、保存时间长、可喷涂面饰，一般不透明，有各种颜色，最常见的是白色，适用于制作大比例模型的框架、墙面等构件。PVC 板材通常作为建筑台基的主要材料。PVC 材料适合钻头切割，不适合激光切割，因为会造成侧边黄色至褐色的烧灼痕迹。

（二）有机玻璃（PMMA）

有机玻璃即聚甲基丙烯酸甲酯（PMMA），俗称亚克力。有机玻璃表面有光泽，色彩丰富，外观透明，是塑料中透明性最好的化合物之一。有机玻璃的缺点是较脆、表面易磨损、不耐热、容易发生热变形，但板材加热软化（一般软化温度在 160℃左右）后可进行塑形制作。

有机玻璃有无色透明的，如珠光、哑光、荧光、夜光等种类；也有有色透明的，如茶色、蓝色、绿色等，常被用来制作建筑骨架及玻璃门窗。珠光、荧光及其他有色有机玻璃常用来制作建筑屋顶、地坪、路面以及装饰雕塑、小品等。常用的有机玻璃胶粘剂是由 PMMA 单体为原料做成的专用胶，也可以使用将有机玻璃碎料溶于氯仿（三氯甲烷）、丙酮、甲苯等有机溶剂中配制成的胶粘剂。

（三）高密度泡沫板

泡沫塑料的优点是材质松软、加工容易，成型速度快，重量轻、容易搬运，具有一定强度，能较长时间保存。缺点是强度低、刚度低，怕重压、怕碰撞，不易进行精细加工，不易修补，不能直接着色涂饰，易受溶剂侵蚀。泡沫塑料适宜制作大地形堆叠。常见的高密度泡沫板有 KT 板、EPS 板、EVA 板等（图 3-1-6）。

图 3-1-6　泡沫板

五、金属

金属是传统园林模型制作中常用的一种辅材，分为板材、管材、杆材、线材。金属强度、刚度和硬度高，连接方式多样、表面易于涂饰且效果好，经常作为辅助材料来使用，大面积的金属材料加工难度大，不易修改、易生锈、不便于运输。

（一）金属板材

模型制作常用的金属板材一般厚度在 0.2～2mm。经过装饰处理的金属板材作为模型材料，不需要再进行涂装和其他表面处理即可获得各种色彩，表面美观大方，且具有极高的耐腐蚀性。

（二）金属管材

金属管材一般经拉拔或挤压制造成型，小管径的金属管材直径范围在 2～12mm。在模型的制作中，用于制作受力结构件等。

（三）金属杆材

金属杆材一般经轧制或挤压制造成形，常用的金属杆材直径范围在 0.2～12mm。在模型的制作中，用于表现金属杆的效果或者用于制作金属受力结构件等。

（四）金属线材

铁丝、铜线等都属于金属线材。铁丝可以用于构造或支撑构造的绑定，加固模型时排列整齐，不能过于凌乱以免影响模型整体效果。此外，线材还可以用作景观环境中植物的树干塑造，用多股铜线缠绕，根据模型比例做出的枝干栩栩如生（图 3-1-7）。

图 3-1-7　金属丝

六、其他模型制作材料

（一）石膏

石膏是一种白色粉状材料，石膏模型是由石膏粉和适量的水调和成的产物塑形而成（图 3-1-8）。石膏体质地硬而轻、不易变形、可进行较深入的细节表现，价格低廉、便于较长时间保存，但是质脆、怕碰撞挤压、可着色但涂饰效果较差，因受材质自身的限制，物体表面略显粗糙。石膏塑形能力强，通过模具灌制可制作各式各样的形态，并且可对同一形态进行复刻。在园林模型制作中，通常在塑形后喷涂着色，一般用于制作形态不复杂的配景、地形营造、假山石营造等。

制作模型用的石膏浆所用石膏粉与水的比例在 10∶3 左右为宜。石膏模型的密度和强度与用水量成反比，同时搅拌速度越慢、时间越短、水温越高，石膏凝固越快、气孔率越低。

（二）油泥

油泥是一种油性泥状的人工制造材料（图 3-1-9）。该材料可塑性好，易于黏结，加工效率高，其特性和黏土相似，但比黏土更细腻，不易干燥，表面不易开裂、收缩变形小，可以在风干后进行涂饰，经过加热软化还可以反复修改与回收使用。油泥模型适合曲面的造型，一般可用来制作山地的地形填充，在制作假山石景观中也有很好的表现，通过在油泥中混入小粒径石子或 PVC 板材碎屑，能体现假山石冷硬的光泽感。

图 3-1-8　石膏　　　　　　　　图 3-1-9　油泥

（三）植物枝干

对于模型的孤植树可选用枝叶造型优美的小干花或天然植物的细小枝干来表现，如松柏、南天竹、满天星干花等。松柏的小枝能充分地烘托模型的枯枝写意氛围。

七、模型辅助材料

（一）胶粘剂

胶粘剂起到快速粘贴模型材料的作用，是传统园林模型制作中必备的辅助材料，它种类丰富，特性各异，选择合适的胶粘剂可以大幅度提高制作效率（表 3-1-2）。

胶粘剂类型（按粘接材料的不同分类）　　表 3-1-2

纸类胶粘剂	白乳胶、胶水、喷胶、双面胶带、UHU 胶水等
塑料类胶粘剂	三氯甲烷、502 胶粘剂、热熔胶等
玻璃类胶粘剂	玻璃胶、万能胶、丙烯酸酯胶粘剂等
木材类胶粘剂	万能胶、白乳胶、UHU 胶水等

1. UHU 胶水

UHU 胶水又称为 Hart 胶粘剂，为无色透明黏稠液状，是做模型常用的一种胶粘剂（图 3-1-10）。该胶的使用特性是干燥速度快、强度高、黏结点无明显痕迹、适用范围广，一般用来黏结建筑板材。注意在进行黏结工作的场所不能有明火，并保持通风。

图 3-1-10　UHU 胶水

2. 胶带

胶带由基材和胶粘剂两部分组成，是制作模型时使用简便的材料，黏结强度较高、适用范围广，主要用于纸类平面的黏结。可划分为单面胶带和双面胶带。

单面胶带一面为基材，另一面为胶，其种类多样，常用于模型的胶带有纸胶带、透明胶带、绝缘胶带等。另外更有以压纹 PVC 为基材的免刀易撕、不留残胶的单面胶带。

双面胶带在模型制作中应用较多，分为有基材双面胶和无基材双面胶（图 3-1-11、图 3-1-12）。有基材双面胶是由基材、胶粘剂、隔离纸（膜）几部分组成的。基材通常为 PVC 膜、泡棉、亚克力泡棉、薄膜等。无基材双面胶是在离型纸上涂胶粘剂制成的胶粘带，由胶粘剂、隔离纸（膜）两部分组成。

图 3-1-11　有基材双面胶　　　　图 3-1-12　无基材双面胶

3. 热熔胶

热熔胶为乳白色棒状固体，黏结速度快，无毒、无味，黏结强度较高（图 3-1-13）。热熔胶一般通过热熔枪加热使用，将熔化的胶棒注射到黏结处，等胶体冷却变硬即可（图 3-1-14）。

图 3-1-13　热熔胶　　　　　　　　图 3-1-14　热熔枪

（二）表面处理材料

传统园林中各类元素的表面处理是体现其特色的重要环节，因此，选择合适的表面处理工艺不仅能为模型骨架材料起到很好的保护作用，也能充分体现模型所表达的内容、增强模型外观的表现效果。

1. 漆类

喷漆是建筑模型涂饰的首选材料（图 3-1-15），适用于金属、木材、塑料等多种材质的外观喷涂。喷漆操作方便、涂膜干燥迅速、黏附力强。喷漆前要摇匀瓶身，使喷嘴距被涂饰表面 300～500mm，距离太近容易挂流，距离太远不易控制。

2. 颜料类

常用的模型颜料有普通水彩颜料和丙烯颜料（图 3-1-16）。

水彩颜料通常指的是广告颜料，是一种水性颜料，具有覆盖力强、不透明的特点，防水性较差。通常用来为建筑物、假山石上色。

　　　　图 3-1-15　喷漆　　　　　　　　图 3-1-16　丙烯颜料

丙烯颜料是速干型颜料，着色层干燥后会迅速失去可溶性，同时形成坚韧、有弹性、不渗水的膜。可用水稀释，但稀释后颜色覆盖力较差。该颜料是小面积造景常用的颜料，很容易地用矿物酒精或松节油洗掉。模型中的水底可用青色丙烯颜料表现青苔效果。

3.其他表面处理材料

传统园林模型通常包含山石、水体、植物等景观要素，除了基本形态的表现，还需要一些表面处理材料的渲染使得模型场景更具质感和真实性。

（1）水景制作材料——环氧树脂胶

环氧树脂胶是无色液状体，流动性好，用来仿制水面晶莹剔透的效果（图3-1-17）。使用方法为等水底颜料干后，用刷子等工具将水景膏涂抹在造水区域，根据要营造的水体状态做出不同的波纹样式。适合做湖泊、河流、起伏不是很大的水面，还可做雨后泥泞湿滑的效果。

图 3-1-17　环氧树脂胶

（2）植物制作材料——绿地粉

绿地粉主要有草粉和树粉两种，根据需求可选择不同的颜色，应用场景比较广泛，可以用于地形起伏较大的地方，如假山上青苔的营造等。草粉较细腻，呈粉末纤维状；树粉呈颗粒状，根据颗粒大小有大球、中球、小球之分。

草粉：在要铺设草粉的地方先涂抹白乳胶，再将草粉均匀撒上即可（图3-1-18）。

树粉：准备树干，将白乳胶均匀地涂抹在树干上，边转动小树边往其上均匀地抛撒树粉，之后静置数小时，待胶水凝固即可（图3-1-19）。

图 3-1-18　草粉　　　　　　　图 3-1-19　树粉

第二节 制作工具

一、剪裁、切割工具

（一）刀类

美工刀也称刻刀或墙纸刀，常用于切割纸板、木板、塑料板等。因为美工刀刀身很脆，所以一般只使用刀尖部分，刀身不会伸出太长（图3-2-1）。勾刀与美工刀的构造相似，只是刀尖处形状类似于镰刀，这种形状有利于在切割材料时勾去部分材料，使得切割更流畅，常用于切割厚度小于5mm的有机玻璃板及其他塑料板。

图 3-2-1 美工刀

（二）锯类

锯按其主要用途可分为横锯（用于锯断木料）、竖锯（主要用于顺着木纹锯开木料）和挖锯（又叫线锯，主要用于锯割曲线形状）；按锯是否通电又可分为手动锯和电锯。

手动锯一般由锯弓和锯条两部分组成，适用于金属、塑料、木材等多种材料的切割（图3-2-2、图3-2-3）。电锯又名动力锯，用来切割木料、石料、钢材等材料，比手动锯省力很多，分为固定式和手提式，有圆形、条形以及链式等。

图 3-2-2 小型手动锯

图 3-2-3 条形手动锯

二、打磨、雕刻工具

（一）砂纸

砂纸可以用来打磨金属、木材、塑料、玻璃钢、PU泡沫等材质的模型表面，但不能用来打磨石膏、黏土、油泥等材质的模型表面。

砂纸根据耐水性分为干砂纸和水砂纸。干砂纸砂粒之间的间隙较大，磨出的碎末较大，在打磨过程中碎末会直接掉下来，因此不需要与水一起使用，如果沾水会导致砂粒脱落使摩擦力减小。水砂纸砂粒之间的间隙较小，磨出的碎末较小，用于在水中或油中打磨模型表面，和水一起使用时碎末就会随水流出。如果用水砂纸干磨的话，碎末会留在砂粒间隙中，使砂纸表面变光滑从而达不到它应有的效果。

模型表面打磨时，前期切削量大，利用粗砂纸打磨省时省力，将凹凸不平的地方打磨平滑后，可用细的干砂纸将粗砂纸留下的划痕打磨掉，再用更细的水砂纸将细的干砂纸留下的划痕打磨掉，直到模型表面光洁即可。

（二）锉

在用钢锉打磨处理模型表面时，要根据所要求的尺寸、形状和表面粗糙度，对工具的锉齿粗细、断面形状、规格进行选择（图3-2-4）。

钢锉的锉刀形状有方形、三角形、圆形、半圆形、菱形、椭圆形等，齿形有单齿纹和双齿纹两种，按齿纹粗细程度分为粗齿、中齿、细齿三种。

图3-2-4 锉

整形锉相对钢锉体积较小、种类更多，每套（组）以6～20支形状不同的细齿锉组成，用于修整金属或塑料工件的细小部位。

木锉是锉削木材的工具，主要用于对木制模型的加工处理。

（三）数控雕刻机

数控雕刻机可对金属、木材、玻璃、塑料等材料进行浮雕、平雕、镂空雕刻，雕刻速度快、精度高。它可以将用计算机绘制的图形雕刻出来，还能根据材料的厚度作不同深度的雕刻。其中最常使用的是激光雕刻机（图3-2-5）。

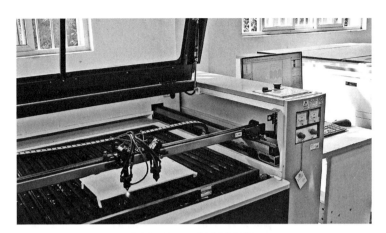

图 3-2-5 激光雕刻机

（四）3D 打印机

3D 打印机是将在计算机中建立的三维模型"分区"成一层一层的截面，从而可以逐层打印的机器。在模型制作中，可以用其打印成型的零部件和复杂的小品。现已有应用 3D 打印的假山模型，打印出的模型不可拆分，是一个整体。

三、辅助工具

（一）喷涂工具——喷枪

喷枪主要用于模型表面颜料的喷涂，由喷嘴、针塞、枪体、扳手、盛料罐等组成，是利用液体或空气压缩后快速释放涂料的工具。它可以喷涂油漆、水粉颜料、丙烯颜料等。使用时，先在旁边进行试喷直到涂料喷出呈雾状，然后在距离模型 400mm 左右处对其喷射。喷射时应注意匀速移动喷枪，每次喷涂不要太厚，否则容易出现挂流现象，如果出现该现象可以用砂纸打磨掉涂层，重新喷涂。喷涂的涂层均匀细滑、质感好，涂料附着力强，是传统刷涂方法无法比拟的。

（二）焊接整形工具

1.电烙铁

电烙铁既可以用来处理材质之间的焊接，也可修饰假山石的外表（图 3-2-6）。电烙铁分为内热式和外热式，内热式电烙铁体积较

图 3-2-6 电烙铁

小、价格便宜，发热效率高、更换烙铁头方便，因此在制作模型时比较常用，一般用 20～30W 的足够。外热式电烙铁的发热电阻在电烙铁外，它的体积较大，焊接小型器件不方便，加热速度慢，一般要预热 6～7 分钟（表 3-2-1）。

电烙铁使用注意事项 表 3-2-1

使用前	① 选用适合焊接电子元件的低熔点焊锡丝； ② 用 25% 的松香溶解在 75% 的酒精（重量比）中作为助焊剂； ③ 电烙铁使用前要上锡，具体方法是：将电烙铁烧热，待刚刚能熔化焊锡时，涂上助焊剂，再用焊锡均匀地涂在烙铁头上，使烙铁头均匀地涂上一层锡； ④ 焊接前，把焊盘和元件的引脚用细砂纸打磨干净，涂上助焊剂。用烙铁头蘸取适量焊锡，接触焊点，待焊点上的焊锡全部熔化并浸没元件引线头后，电烙铁头沿着元器件的引脚轻轻往上　提离开焊点
使用中	焊接时间不宜过长，否则容易烫坏元件，必要时可用镊子夹住管脚帮助散热
使用后	① 焊接完成后，要用酒精把线路板上残余的助焊剂清洗干净，以防炭化后的助焊剂影响电路正常工作； ② 电烙铁应放在烙铁架上，防止烫伤或烫坏其他物品

2. 热加工工具

常见的热加工工具有烘箱、热风枪、热熔机等。

烘箱在模型制作中，常用来烘烤油泥、ABS 等塑料、石膏等材料。使用烘箱时，应佩戴石棉隔热手套防止烫伤。

热风枪适用于小型油泥模型、塑料制品的加热。加热时，先将加热器功率调到最低档位，通电后再逐步提高到理想温度；采用来回扫动的手法，防止局部过热使材料烧焦；停止前将风挡调整为冷风挡，待枪体冷却后关机。

热熔机与热风枪有相同功能，但主要针对有机玻璃加工，它可以将有机玻璃板加热后弯曲成想要的弧度，做到无痕无缝。

第四章 传统园林模型制作的工艺与要领

第一节　工艺概述

中国传统园林模型制作是指将园林中山石、水体、花木、建筑等要素用各种材料按比例表现出来。要求各构件制作准确、风格统一，并具有传统园林意韵，遵循一定的方法与技巧，以及一定的顺序。

模型制作工艺与要领包括图样绘制、比例选择、材料配置、定位切割、构件连接、配景美化、电路控制等几个环节。其中，定位切割是关键的步骤，模型的精密程度与最终效果都以这道工序的质量为前提。

一、图样绘制

传统园林模型制作依赖于相关图纸，不论是设计图纸还是测绘图纸，首先都需要确定相应的图纸内容，以明确各要素的平面形式、立面关系、空间形态等。因此，在模型制作前，需要完成以下图纸：

总平面图：确定各要素在园林空间的位置，以及要素之间的平面关系。

平面图：明确各要素本体占地的具体位置，要素内部各部分相互的平面关系等。

立面图：明确各要素的立面样式、标高，及要素之间在立面上的相互关系。

剖面图：剖面图可以帮助确定各要素内部（立面无法展示部分）的相互关系，为模型制作过程提供便利。

效果图：效果图可以提供具体、形象的整体空间关系，有助于保障模型制作对设计意图的体现。

爆炸图：爆炸图可以形象地体现各要素本体的空间关系，尤其是对于建筑内部各构件的搭建与展示有着良好效果。

体块分解图：对要素进行整体的分析、解构，将其分解成若干体块并进行编号，以方便模型的制作，尤其是对假山和石景的制作，有着很大作用。

二、比例选择

模型比例是指模型本身与模型实景相应要素的线性尺寸之比。传统园林模型的比例涉及多重问题，很难对其提出相对统一的要求。一般可从规模大小、精度要求这两个方面来考虑。

（一）规模大小

确定模型比例最简便的办法是，首先在三维空间中模拟出期望的模型尺寸，再用该尺寸除以实际尺寸，得到一个大致的比例概念；接着用该比例推算模型的竖向尺寸，对比例略作调整；最后取一个整数作为最终的比例。

（二）精度要求

除了考虑模型的规模大小，不同的模型也有着不同的精度要求，制作前还应对照图纸来推算精度，以确定制作比例。制作传统园林模型时，若比例太小则无法精准制作出建筑细部，比例太大则占地太大、成本太高。一般来说，制作整个园林时，宜用 1：100～1：50 的比例；制作园林中的小院时，可适当放大比例，将建筑制作得更为精细，宜用 1：50～1：30 的比例；制作单体建筑时，则应将细部构架悉数做出，宜用 1：30～1：20 的比例或更大。以建筑门窗为例，当比例为 1：75 时，可采用画线来表示建筑门窗立面（图 4-1-1）；当比例为 1：50 及以上时，则可将其雕刻成镂空，更具真实雅致之感（图 4-1-2）；当比例为 1：30 或更大时，门窗的表现可更加立体，使用镶嵌、贴边的方法表现出门窗的厚薄和层次感。

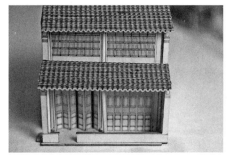

图 4-1-1　画线门窗

图 4-1-2　镂空门窗

三、材料配置

传统园林制作材料的配置十分重要，决定了园林整体风格和效果。选择材料前应先确定整个模型的基调与风格，拟定好模型的主次配色、质感肌理、主辅比例，在模拟真实的基础上注意视觉效果与意境体现，使模型各元素间具有整体感。材料选择还应具备加工方便、用途多样、经济适用等特点。

选择材料时，需要考虑模型的制作工艺。加工质量与操作技术息息相关。如在没有数控切割机的条件下，材料一般通过手工工具来加工，若选择厚木材、玻璃板等材质坚硬的材料，虽强度高、抗压性好，但手工切割操作难度较大，加工质量难以保障。这时应以软质材料为主，从而避免因工具不足、操作受限而造成的模型质量粗糙问题。在条件允许的情况下，可以采用木材、亚克力等硬质板材，经数控切割机加工一次成型，再进行组装，模型质量通常较高。

模型制作材料可综合开发与利用，发掘材料的多种用途，实现一材多用，展现模型不同的质感美。如泡沫原本多用于模型中地形的制作，也可用于假山石与树木枝叶制作。

四、定位切割

模型从原始型材转化为组装配件，必须经过型材的定位与切割，模型的精细程度与成品效果都以这道工序的质量为前提。

（一）型材定位

定位是指在材料上做出位置设定，并注意其表现形态与尺度比例，为后续切割作基础。由于材料丰富多样，形态各异，所以标记切割部位之前需得仔细考虑。定位时要将型材边缘留出 10mm 左右距离，以免将磨损边缘纳入使用范畴，同时要注意锯切损耗，应预留 1～2mm 的宽度。

型材定位通常采用画线的方法来进行，有手工画线和机器画线两种方式。手工画线采用防水黑笔和定位工具在型材上绘制定位线，机器画线利用电脑制图软件绘制所需图形的定位线。

（二）型材切割

不同材质、不同形状的型材切割需分开考虑。切割方式通常有手工切割、手工锯切、机械切割、数控切割四种方式。

1. 手工切割

手工切割主要针对两种情况。第一，纸张、PVC 发泡板、KT 板等较软的易切割材料；第二，硬度较高的塑料板等材料。通常切割时会选择锋利的刀具并辅助使用其他工具，如三角板、直尺、铅笔、切割垫等。无论切割何种材料，切割时均需保证刀具锋利、速度均匀。

切割较软材料时，使用铅笔做定位线后用尺做好参照，使用锋利刀具倾斜于板面30°划过材料，速度不宜过快，否则刀具会偏离方向，也不宜过慢，不然会产生顿挫感，导致材料切面不平而影响美观。

切割较硬材料时，使用铅笔画好定位线，将尺对准定位线，手指按压以防尺移位。手持美工刀倾斜于板面 45° 匀速裁切，裁切至一定深度时，便可轻易用手掰开。若切割后边缘毛糙，可使用砂纸或锉刀打磨。

2. 手工锯切

手工锯切一般是对质地厚实、坚韧的材料进行切割，常用木工锯或钢锯。木工锯锯齿较大，适合加工木板、木棍等材料；钢锯锯齿较小，适用于塑料板、金属板等材料。

锯切前对材料进行定位放线，考虑锯切损耗应预留 1～2mm 的宽度。切割时应单手将材料固定，方便切割。针对厚度大的木材或易于移位的木棍可用脚踩固定。锯至板材末端时速度可适当减慢，避免型材开裂。锯切后要对切面做打磨处理，保证切面光滑。

3. 机械切割

机械切割一般采用电动机械对模型材料进行加工。常用机械有普通多功能切割机与曲线切割机两种。普通多功能切割机采用高速运动的锯轮或锯条切割，能加工木材、塑料等多种型材，切割面十分光滑。普通多功能切割机一般只能做直线切割，材料的推进速度不宜过快，否则切割会偏离方向。曲线切割机则可对任意形态的曲线进行切割，应用范围更为广泛。

4. 数控切割

数控切割是指使用数控机床加工模型，最常使用的是激光切割机。操作前要采用专业绘图软件绘制出切割图形，将图形文件传输至数控机床，将板材使用纸胶带固定于机器上，由激光切割机自动完成切割工作，切割过程中无需人工辅助，方便快捷，安全可靠。激光切割机有两种切割形式，若零件比例过小，通常使用雕刻机的刻线功能，仅做表面装饰；若追求精致效果，则使用雕刻机将板材雕刻成镂空状，逼真美观。

五、构件连接

模型制作材料准备完毕，便可根据图纸进行构件连接，连接方法主要有粘接、钉接、插接、复合连接几种。

（一）粘接

粘接是园林模型中最常用的连接方式，一般采用 UHU 胶水或白乳胶进行连接，方便快捷。UHU 胶水具有干结快、黏性强的优点。白乳胶干结后呈透明状，较为美观。透明胶、双面胶、纸胶等不干胶的黏性较差，不宜使用。

粘接前要对材料进行必要的清理，避免表面有油污、灰尘、粉末等污染影响胶水黏结。木材切面应提前打磨好，胶水固定后便难以进行打磨操作了。粘接时应尽量用胶水均匀涂抹在接触面上，不宜过多或过少，过多胶水溢出，过少则黏结力较低。涂抹胶水后将构件对应粘接，并按压定型保持3～5分钟，待其干燥后再进行下一步操作。

（二）钉接

钉接是采用钉子等尖锐物体对模型做穿接固定，一般只适用于质地较硬的材料。常用的钉子为圆钉，圆钉又称为木钉，主要用于木材之间的连接。落钉前要做好标记，每根圆钉要相隔30～50mm，与边缘相距至少5mm，以免开裂。圆钉的连接效果很牢固，但一般圆钉只适用于底盘制作。而建筑单体模型比例较小，不适宜使用圆钉。

对于较薄的板材通常采用钉枪固定，但落钉后表面会形成凹凸痕迹，需要做后期修饰处理，但固定效果大大超过胶水。

（三）插接

插接是利用自身结构特点使材料相互穿插而成的连接方式。由于插口会影响模型外观，所以此方法一般只适用于概念模型，而不在正式的模型制作中使用。

（四）复合连接

复合连接是使用两种及以上的连接方式对构件进行拼装固定的方法。当单一连接方式不能完全固定时，可辅助其他方法。如使用胶水粘接底盘木材时，可能会由于木材不平整、边角起翘而无法粘接固定，此时可使用钉接强化，双重固定。

六、配景美化

模型配景是指除模型主体要素以外的其他部分，它是模型中不可或缺的组成部分，对整体模型起着装饰和表达意境的作用。传统园林模型中的配景制作，除了要准确理解设计思路和表现意图外，还要参考整体模型的风格、形式进行构思，正确处理好配景与各要素之间的关系。配景美化也要注意尺度比例、材料选择、加工技术和方法，要遵循与整体模型统一协调的原则。

七、电路控制

传统园林模型中没有过多的小品装饰，可使用光源烘托园林意境氛围，从而有效增强表现效果，提高其观赏价值。

常用的照明形式可分为自发光照明、投射光照明、环境反射照明等。自发光照明是指在模型内部安装灯具，从构件中发光，一般来说用量不宜过多，光源不宜过强，以免破坏意境。投射光照明是在模型底盘外部及周边安装灯具，也可将光源悬挂在室内顶棚进行照射。环境反射照明是指模型所处环境的室内空间整体照明环境光均匀柔和，足够照亮模型各角落，若室内照明不足，则可将模型放置在白色墙壁旁，让反射光成为辅助光源。

附：底盘手工模型
制作视频教程

第二节　底盘制作

在传统园林模型中，底盘是园林模型的基础，是模型制作与组装的基本单元，一般与底座形成一个整体，所以模型的底盘制作是模型制作的第一步。底盘的制作分为台面、边框、支架三个部分，底盘的大小、材质、风格会直接影响模型的最终效果，所以底盘制作应简洁美观、牢固稳定、方便运输。

底盘可以分为小、中、大三类。小型底盘制作方法较为简单，适宜制作底盘边长在 400mm 以下的模型。具体操作方法如下：第一步，根据模型体量和底盘形状，确定底盘规格尺寸，并选择合适的硬质材料，如木板、有机玻璃板、聚苯乙烯板等。第二步，在板材上画出底盘形状轮廓，用切割工具沿轮廓线切割多余部分，将板材制作成合适的尺寸，得到理想的底盘形状。中、大型底盘制作方法则略为复杂，下面专门对中、大型底盘制作方法作详细介绍。

一、中型底盘台面制作——薄胶压制法

薄胶压制法是指在每层板材之间均匀涂上胶水，将其重叠压制，形成一个整体，用作模型底盘。对于模型边长为 400～1200mm 的中型底盘，适宜采用此方法制作底盘。

制作中型底盘的薄胶压制法较其他方法最主要的优点是制作的简便性，

主要缺点在于底盘承重性较弱、成本较高。薄胶压制法的简便性体现在前期准备与制作过程两方面：在前期准备方面，薄胶压制法所需工具仅有胶水与美工刀，工具易得、操作简便；在制作过程方面，操作方法简单，没有较难掌握的技术。其缺点在于当模型质量较大时，底盘易弯曲变形，需要叠加足够厚度的材料以保证强度，耗材量大，从而导致成本上升。

（一）材料与工具

材料：木板、聚苯乙烯板、厚瓦楞纸板等

工具：胶水、美工刀

（二）制作程序

1. 尺寸确定

模型的底盘尺寸一般受几个因素影响，在模型底盘制作前需要先确定以下两点。

（1）模型体量

底盘是模型的基础，底盘规格受模型本身尺寸影响较大。底盘边缘与模型景物外边界线的距离一般不小于100mm，中型模型底盘可适当增大底盘边缘与模型边界线间的距离。底盘材料应选用整体规格大于模型体量的板材，使底盘具有较高的强度。

（2）底盘形状

制作底盘要考虑形状的选取。底盘形状可以是规则形或不规则形，规则形如矩形、多边形等，不规则形则是配合模型不规则边缘形成的底盘。在选择底盘形状时，还需考虑模型内部结构布置，底盘形状会影响内部各要素间各种关系的表现，且会影响模型的观赏角度。

2. 材料选择

底盘是模型的基础，它托起了整个模型并承担其重量，所以应在考虑模型制作用途与观赏效果的基础上，选择材质坚固又便于加工的材料。

中型底盘制作材料常见的有木材、有机玻璃板、聚苯乙烯板、厚瓦楞纸板等。其中，木材与有机玻璃板强度高、承重性佳、质感素雅，但切割较为困难、价格昂贵；聚苯乙烯板易于裁切，但强度低、易变形；而厚瓦楞纸板强度较高、易于裁切、价格低廉，是较为理想的常规底盘材料。若作为报审展示的模型底盘，或模型自重较重，建议选用质感较好且具有一定强度的材料制作，如木材、有机玻璃板等。若作为日常课程作业，可选用经济适用、容易加工的材料制作，如聚苯乙烯板、厚瓦楞纸板等。

3.板材叠加

（1）将单层板材放置于模型下，依据模型体量和底盘形状，确定合适的底盘边缘线，用铅笔画出其轮廓（图 4-2-1）。沿单层板材上的轮廓线，切割多余部分，拼接空缺部分，得到理想的底盘形状。

（2）在每层材料的接触面上均匀涂上 UHU 胶水，将多层板材对齐叠加，按压贴紧，形成基础底盘，根据模型重量与板材强度选择叠加厚度（图 4-2-2）。

图 4-2-1 轮廓裁切 　　　　　　图 4-2-2 厚度叠加

二、大型底盘台面制作——框架搭接法

框架搭接法一般先搭建出一个与底座相同大小的稳固网格框架，再放置面层板材，这样做出的底盘坚固不易损坏。当模型底盘边长均大于1200mm 时，模型往往质量较大，为避免底盘发生变形，采用框架搭接法较为适合。

制作大型底盘的框架搭接法较其他方法的优点在于底盘的稳定性与抗压性好，缺点在于制作烦琐、成本较高。底盘的抗压性与稳定性主要体现在木网格框架结构上，网格框架坚固不易损坏，使底盘的稳定性与承重性得到了极大提高。制作烦琐主要体现在制作程序上，此方法制作步骤较为复杂耗时，对操作人员的木工技术要求较高，且大型底盘耗材多，会导致材料成本上升。

（一）材料与工具

材料：木板、木方（宽 40mm、高 30mm）

工具：木工锤、圆钉、白乳胶、砂纸

（二）制作程序

1.尺寸确定

在底盘模型制作前需要先确定以下两点。

（1）模型体量

底盘边缘与模型景物外边界线的距离一般不小于100mm，大型模型可适当增加底盘边缘与模型边界线间的距离。

（2）底盘形状

选取底盘形状应考虑模型边缘形状、模型内部结构以及周边环境表现等因素。

2. 材料选择

大型模型本身质量较重，底盘易变形，所以在底盘面层背部要用木网格框架进行加固。为了底盘整体材料质感统一，底盘面层的覆盖常选用椴木板，网格框架的搭设选择坚固易加工的木方。由于白松含水率低，不易变形，选用白松作为木方的原材料最佳。

3. 框架钉制

（1）面层覆盖

以底盘外围边缘线为参照线，切割与之同样大小的木板用作木框架的面层木板，根据实际情况自定义木板层数。每层木板尽量选用一整块木板，避免多块拼接出现接缝影响美观。

（2）外框搭建

在面层木板做好后，使用木方进行围合，木方最外侧边缘线与面层木板边缘线对齐，木方转角衔接处应将其切割成45°角对接。然后用圆钉将木方固定成木框。

（3）网格搭建

根据底盘尺寸，将木框分为若干网格，并在木框边进行尺寸标注。网格大小以300mm×300mm为佳，也可根据实际情况作适当调整。使用与木框相同材料的木方下料，参照标注位置，将木方纵横交叉，构建出等距网格。在木方与木框之间、木方与木方之间，使用圆钉固定，搭建出稳固的木网格框架。

4. 整体固定

在整体木框架表层均匀涂上白乳胶，将面层木板放置其上并按压贴紧，使其表面平整，避免后期模型放置歪斜。使用圆钉将面层木板与木框架钉合，提高稳固性。

5. 表层优化

将底盘静置12小时，使白乳胶完全凝固，木质底盘粘贴牢固。底盘边缘毛糙处可使用砂纸打磨光滑。底盘装饰风格应与主题模型相呼应，若需更有质感，可在底盘表面刷乳胶漆。

经对比与总结得出，在模型尺寸适中、预算充足、对承重性要求不高的情况下，使用"薄胶压制法"最优；在模型尺寸较大、预算充足、制作周期较长、对底盘稳固性要求高的情况下，使用"框架搭接法"更佳。

三、底盘边框制作

底盘通常需要镶边使其更加坚固与美观，边框应选择与底盘材质风格相近的材料。

（一）材料与工具

材料：木板、有机玻璃板

工具：白乳胶、砂纸

（二）制作程序

1. 选择与底盘风格相近的材料，如木板或有机玻璃板，将材料裁切成与底盘侧面相适应的尺寸。

2. 使用白乳胶将裁切好的边框材料粘贴在底盘侧面，干燥数分钟后用胶水进行二次灌缝，以免后期模型边框起翘。

3. 等待 6 小时，待胶水完全凝固后，使用砂纸将边框毛糙处打磨平整。

四、底盘支架制作

模型底盘下应在关键点设置支撑物，如脚垫或支架，一是能保证模型安放的稳固性，二是方便模型的移动搬运，三是在一定程度上防止模型磨损。

底盘下设置脚垫时，材料一般为橡胶或其他软质材料，仅提供缓冲作用。

底盘下设置支架时，大多采取封闭式支架或架空式支架，具体形式应根据模型大小和预算而定。封闭式支架做法与大型底盘制作方法类似，在平面尺寸上需将底座边缘向内偏移，余出的空间便于后期搬运，且此方法制作的支架更为稳固。架空式支架是在底座下的关键点上固定支撑物，能节省材料、降低预算且美化造型。

附：地形手工模型
制作视频教程

第三节　地形制作

地形是所有室外空间的基础，是风景园林最重要，也是最常见的要素之一，在园林景观中有很重要的意义。《现代风景园林设计要素》一书中将地形依"形状"分成五类：平地、凸地形、山脊、盆地、山谷。地形在室外环境中有众多的使用功能和美学功能，能带给游人不同的心理感受，其主要功能有四个：界定空间、控制视线、引导游人路线和改善小气候。地形是园林营建的骨架，是景观要素的平台和依托，地形布局设计得恰当与否，会直接影响到其他要素的布置。

地形模型十分重要，它能准确表达出场地本身的高差变化，以及场地各要素之间的复杂关系，同时还能表现出模型周边环境情况。制作地形模型前，需要观察地形变化，确定地形类别，选定制作方法。地形模型的塑造，不仅要求制作者具有较好的表现力和概括力，同时还要处理好地形与整体空间的关系。

地形模型的制作方法有整体切削法、斜面固定法、阶梯叠层法、石膏浇筑法等。整体切削法是指在一整块材料表面进行切削，表现地形的高差变化，相对于板材切割更加自然逼真；斜面固定法是指在地形不易于表现或数据不明确时，使用一整张板材制作斜面，或以多层高差制作连续若干的斜面，以此形成地形。在地形模型制作方法中，阶梯叠层法与石膏浇筑法应用最为广泛，故对这两种方法做详细介绍。

一、阶梯叠层法

阶梯叠层法是地形制作中较为抽象的方法，也是较为简单易做的方法。即按等高线切割板材，依顺序重叠，便得到一个阶梯式的多层地形。阶梯叠层法是目前应用最为广泛的方法之一。阶梯叠层法较其他方法最主要的优点是制作的便捷性以及表现的精准性，主要缺点在于造型呆板、易读性较低。

阶梯叠层法的便捷性体现在制作方面，制作时只需在复刻等高线后层层叠加粘贴，尤为方便快捷。精确性体现在地形的高差变化和等高线轮廓能精准地被表现出来。但由于阶梯叠层法地形表面有着明显的等高线台阶痕迹，地形造型不是连续光滑的，所以造型比较呆板，且由于阶梯叠层法较为抽象，对于模型观赏者来说不易理解，易读性较低。

（一）材料与工具

材料：PVC 发泡板或 KT 板、椴木板

工具：铅笔、黑色记号笔、直尺、美工刀、激光雕刻机、UHU 胶水

（二）制作程序

1. 确定图纸

首先需要确定相应的图纸，明确地形位置、剖面高差等内容。因此，制作地形前需完成以下图纸：

总平面图：地形在园林空间的位置，以及其与建筑、水体、植物、道路铺装等元素之间的关系。

平面图：明确地形具体位置、标高等。由于地形图较为复杂且线形图例较多，应对平面等高线做适当简化，并将线形统一，对等高线做必要的合并和删减，得到清晰明了的图纸。

剖面图：了解地形高差的相互比例关系。

2. 平面放样

首先需要确定地形的平面定位，确定地形与建筑、水体、园路铺装等各元素之间的相互关系，明确等高线的排列。在模型底板上明确地形等高线，并画线表达，画线可以使用防水勾线笔、黑色记号笔或刻写钢板的铁笔，也可以用模型雕刻机在底板上刻线来实现。

3. 选择材料厚度

地形制作比例通常与模型制作比例相同，或根据需求而定。在制作分层地形时，必须选择符合模型比例的材料厚度，才能更好地模拟实际高差变化。如选定的等高线的等高距为1m，在比例为1∶100时，每层等高面所使用的材料厚度则为10mm，材料厚度越大，地形造型精度越低，所以选择合适厚度的材料十分重要。

4. 切割叠层

阶梯叠层法分实心叠层法和空心叠层法两种。

第一种，实心叠层法。是将完整板材由下而上逐层粘贴的方法，此方法具有更强的稳定性，但也导致了耗料量大，成本较高。具体方法如下：

（1）计算简化后的等高线根数，对等高线进行编号，根据等高线数量准备相应数量的板材。

（2）在每张板材上画出对应的等高线。对于KT板、PVC发泡板等较软材料，使用铅笔将等高线画到对应板材上，并在对应等高线旁留下相应编号。用美工刀沿线切割出流畅曲线，选用角度较小的刀片，便于切割曲线。对于椴木板等坚固材料，则将等高线CAD图导入激光雕刻机，利用机器在板材上切割出相应区域。

（3）将切割后的不规则板材按照编号层层堆叠，确认无误后在板材相接面涂上 UHU 胶水进行粘贴。

第二种，空心叠层法。与实心叠层法基本类似，但其内部为空心，耗材更少，模型更轻，成本更低。

（1）将所有等高线用数字逐层编号。准备两张板材（标 A 板与 B 板），在 A 板上画出奇数编号的等高线，并标记偶数等高线的定位点位置，定位点不作切割，作为后期粘贴时准确定位的参考线；在 B 板上画出偶数编号的等高线，并标记 A 板定位点（图 4-3-1）。

（2）使用美工刀或激光雕刻机沿等高线对板材进行切割。

（3）将切割后的等高面交替堆叠，按编号顺序逐级往上，参照定位参考线对齐，最后使用胶水逐层粘贴，模型成品为空心。若要使地形模型更稳固，可在空心部分增加一些坚硬填充物，起到支撑作用（图 4-3-2）。

图 4-3-1　奇偶编号

图 4-3-2　成品展示

5. 后期处理

将地形单体模型粘贴在底板上，为使其更加美观，可对地形进行封边处理。待模型胶水干燥后，稍加修饰即可。

二、石膏浇筑法

石膏浇筑法顾名思义是用石膏浆倒在底盘表面，待其凝固，层层叠加模拟地形的方法。石膏浇筑法制作的模型较为具象逼真。其优点是可塑性强、可读性强，质地坚硬、不易损坏，但缺点是成型后不易修改，且质量大、搬运困难。石膏浆是黏稠的胶体，易于塑造多样的地势地貌，如果对地形把握较好，石膏浇筑法造出的地形会十分自然，对于模型观赏者来说也更易于理解。石膏制作的地形凝固后，质地坚硬不易破损，但也正因如此，石膏地形成型后很难再做改动。

（一）材料与工具

材料：石膏粉、水、竹签

工具：双面刀片

（二）制作程序

1. 确定图纸

制作地形前需完成总平面图、平面图、剖面图，以明确地形的位置、标高、比例、与各要素的位置关系。

2. 平面放样

确定地形平面定位，明确等高线的排列，便于石膏浇筑。

3. 定位浇筑

（1）将等高线刻画在底座板材上，按地形比例将竹签做出不同高度，竖直固定在对应的等高线上，作为浇筑标高参照，竹签间留适当距离。

（2）将石膏粉与水混合（石膏粉与水质量比约为 20∶7），搅拌至黏稠状。石膏浆浇筑在地形平面范围内，石膏浆凝固较快，可用双面刀片修饰边界和表面形态，塑造出峰、岗、沟、壁等形式，使其达到对应竹签高度。

（3）每层石膏浇筑完成后约 5 分钟，在其未完全凝固时，拔出竹签，保持美观。

（4）浇筑工作需分层进行，下层塑造完后，等待约 10 分钟凝固成型，而后浇筑上层。重复以上步骤，一层一层浇筑到地形最高点。

（5）石膏地形完成后，为使其美观，使用刀片修刮地形，做最后修饰。

经对比与总结，如果模型制作周期较短且对模型美观性、逼真性要求较低时，使用阶梯叠层法最优，若预算充足或对模型稳固性要求高，可选用阶梯叠层法中的实心叠层法。石膏浇筑法更适合在地形变化复杂、标高数据不明确或精度要求不高的情况下使用。

第四节　建筑制作

在中国传统园林中，建筑占据着核心地位，有着游憩和观赏的双重作用。它能为游憩者提供观景的视点与休憩的空间，并常与山、水、植物一起组成园景或作为局部空间风景的主题。

中国传统园林建筑种类颇多，常见的类型有厅、堂、楼、阁、轩、榭、舫、亭、廊等，每种类型中又有多种构造、形式与造型。园林建筑除大型厅堂外，其余造型多轻巧玲珑，亭、廊、榭高度较低，使人感到亲切。建筑的室内空间大多开敞通透，多设长窗、半窗，还有四面厅的形式，追求与自然的呼应。此外，空廊、漏窗、门洞等的应用，更使建筑显得通透，加强建筑内外景物的联系。园内建筑色彩多以粉墙为基调，黑灰瓦为屋顶，配以栗色梁柱、栗色或灰调门窗框，构成干净素雅的色调。

木材搭接法是一种较为常见的制作建筑模型的方法，传统园林建筑模型重点描摹传统园林风貌，使用木材搭接法能够很好地还原建筑本体的形态与结构特征。此方法主要利用木棍作为建筑的木构架，再使用机器雕刻木板，得到建筑主体部分的各构件。然后使用胶水粘接木构架与各构件，搭建出建筑模型。这种制作方法适合营造素净质朴的传统园林建筑风格，优点是制作便捷、不易折弯、造型逼真，缺点是木材价格较贵。

不论园林建筑模型的尺寸是设计的或是测绘的，制作前都需要确定相应的图纸，以明确建筑的平面形式、列柱数量、内部构架、装折配件等信息。因此，在模型制作前，都需要进行图纸的绘制，为下一步模型制作做好准备。需要完成的对应建筑的相关图纸主要包括：

总平面图：确定建筑在园林中的位置，以及其与植物、水体、道路铺装、假山等元素间的关系。

屋顶平面图：确定建筑的屋面形式，如歇山顶、硬山顶、悬山顶、攒尖顶等。

平面图：确定建筑的平面形式，面阔与进深，以及建筑的各构件的平面尺寸，如列柱直径、坐槛尺寸等。

立面图：确定建筑立面形式、屋檐层数。

剖面图：帮助确定建筑的内部构架（立面无法展示部分）的相互关系，有助于大木构架的搭建，且在剖面图中可测量出建筑内部各构件的尺寸。

设计详图：各承重构件、装折配件的详细设计图纸，包括具体尺寸、纹样线条等，以及建筑其他需要详细展示的内容。

爆炸图：爆炸图可以展示具体、形象的建筑整体空间关系，有助于后期模型的核对。

一、亭

"亭者，停也，人所停集也"，亭为停息凭眺之所，多半设于池旁、路侧、山上或花木丛中，是园林主要建筑类型之一。亭的式样与大小需因地

附：亭手工模型
制作视频教程

制宜，与周围环境相协调，故有"高方欲就亭台，低凹可开池沼"之说。亭的平面丰富多样，有方形、六角形、八角形、圆形、海棠形、扇形等。亭的平面形式多由所获取的风景面而定，如网师园"月到风来亭"为六角形，拙政园"与谁同坐轩"为扇形，环秀山庄"海棠亭"为海棠形。亭的屋顶以攒尖顶为多，也有采用歇山顶等其他形式的，此外还有单檐、重檐之分。

本节以六角攒尖亭为例进行亭模型制作介绍（图 4-4-1、图 4-4-2）。亭模型制作的重难点在于屋顶部分中的望板制作，制作时需用电烙铁将望板烫弯，使其弧度与戗角和瓦片契合，所以需格外注意弧度的塑造。

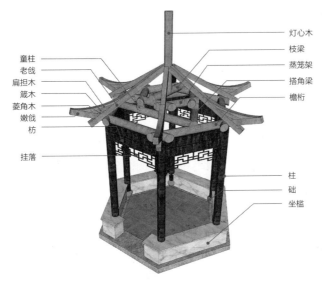

图 4-4-1 亭模型构件展示 -1

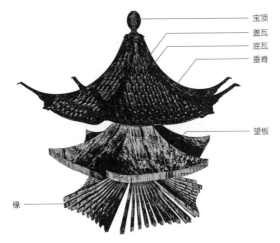

图 4-4-2 亭模型构件展示 -2

（一）材料与工具

材料：木板1（厚2mm）、木板2（厚1.5mm）、木棍1（直径6mm）、木棍2（直径4mm）

工具：UHU胶水、美工刀、60W电烙铁、直尺、镊子、铅笔、砂纸、切割垫

（二）制作程序

1. 构件制作

（1）激光刻板。将木板放置在激光雕刻机上，用纸胶带固定住木板，然后导入CAD图至激光雕刻机，对木板进行雕刻。亭的望板与挂落选用1.5mm厚的木板进行机刻，其余构件均选用2mm厚的木板进行机刻。机器将木板切割成不同形状，分别对应亭的各构件，如底板、枋、挂落、坐槛、瓦片等，或在木板上进行刻线，作为构件定位线或装饰纹样，如底板定位线、窗花、铺地等（图4-4-3）。

（2）手工割棍。对照亭的图纸，提前准备好不同直径的木棍，制作亭需用直径6mm木棍作柱，直径4mm木棍用来制作檐桁、搭角梁、童柱、蒸笼架、枝梁与灯心木等。测量出不同直径木棍分别需要的长度，使用直尺与铅笔在木棍上标注出切割的定位点，用美工刀将木棍切断，然后使用砂纸打磨断面，使之平整（图4-4-4）。

图4-4-3　激光刻板　　　　　图4-4-4　手工割棍

2. 主体制作

园林建筑的制作要遵循传统建筑营造法则，第一步，完成亭的大木构架的搭建。

（1）根据比例算出模型础厚，使用单层础或将多层础重合粘贴，满足比例要求。

（2）将础粘贴到建筑底板上，并使其契合底板上刻的础的定位线。

（3）将柱竖直放置于相应的础上（图4-4-5）。

（4）在相邻的立柱上，架设出一个六边形，作为亭的檐桁（图4-4-6）。

（5）于檐桁之上架设三角形，称为搭角梁（图4-4-7）。

（6）每根搭角梁上居中立两根童柱。

（7）童柱上架设六边形蒸笼架，该六边形之边与相对应的檐桁平行（图4-4-8）。

（8）枝梁横插于蒸笼架正中，枝梁居中，之上竖直架设灯心木（图4-4-9）。

（9）亭的戗角由老戗、嫩戗、扁担木、箴木、菱角木组成，在木板上切割出整体戗角边缘轮廓线，并对连接处做刻线处理。将多层戗角木板重合粘贴，使厚度满足比例要求。使戗角架于搭角梁与檐桁之上。

亭的大木构架主体完成后，完成亭身其余部分的搭建（图4-4-10）。

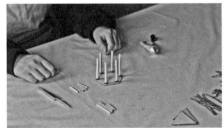

图4-4-5　亭柱搭设

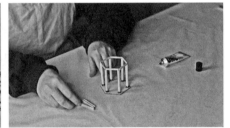

图4-4-6　檐桁搭设

图4-4-7　搭角梁搭设

图4-4-8　蒸笼架搭设

图4-4-9　灯心木搭设

图4-4-10　主体搭设

（1）将枋固定于檐桁下方，两侧固定在亭的立柱上。

（2）在底板上参考坐槛刻线位置，围合搭建出亭的坐槛。

（3）挂落固定于枋的下方。挂落纹样选择镂空雕刻，观赏效果更佳。

3. 屋顶制作

主体部分制作完成，接下来制作亭的屋顶部分。屋顶制作中的望板制作是亭建筑模型制作的重难点。望板是指铺设于椽上的木板，江南地区六角亭戗角起翘，其望板为曲面。由于制作材料的木板是光滑的平面，需要后期借助电烙铁手动将望板烫弯，烫出的曲面需既能与椽的角度一致，又能与放置的瓦片的弧度一致，否则亭建筑的屋面部分将无法准确粘贴契合。

（1）将椽搭设在搭角梁与檐桁之上，并保持相互平行，间距一致。

（2）将望板尖角抵桌，适当挤压使其弯曲。使用60W的电烙铁，加热至300℃高温，用电烙铁侧边烫望板的尖角，缓慢移动，反复摩擦，使望板弯曲固定（图4-4-11）。

（3）在望板表面均匀涂上UHU胶水，使用镊子将瓦片垂直放置在望板上，按序排列使其铺满望板，并保证瓦片与瓦片之间排列整齐、紧密贴合（图4-4-12）。在望板最底端，最后一片瓦片外，贴上滴水，屋面便制作完成了。

图4-4-11　烙铁烫弯　　　　　图4-4-12　瓦片排列

（4）将多片垂脊木板重合并粘贴到一起，木板片数取决于垂脊厚度，并需满足比例要求。将垂脊竖直落下，固定于戗角上，垂脊上端交于灯心木上，并起到支撑作用（图4-4-13）。

（5）制作完的屋面放置于垂脊之间，契合边缘缝隙，用胶水固定于椽之上（图4-4-14）。

（6）多片宝顶木板重合粘贴，放置于灯心木上。至此，亭建筑模型的制作便完成了（图4-4-15）。宝顶也可以雕刻成型，虽工艺难度较大，但效果更佳。

图 4-4-13　垂脊搭设

图 4-4-14　屋面放置

图 4-4-15　成品展示

附：廊手工模型
制作视频教程

二、廊

廊为园林中应用较多的建筑类型之一，在园林中它是联系建筑物的脉络，也是风景导游线的重要组成。廊按其形式分，有直廊、曲廊、波形廊、复廊四种。若按其位置分，则有沿墙走廊、空廊、回廊、楼廊、爬山廊、水廊等。

廊的造型轻巧玲珑，沿墙走廊的屋面多为单坡落水，其余均为双坡落水，故屋面体量较小，且多采用小青瓦屋面配上黄瓜环瓦，更为轻巧。廊的立面开敞，视线通透，柱间设挂落，下设栏杆、半墙，或一面开敞一面临墙，墙上设漏窗或月洞以透景，增添别致趣味。

根据廊规模体量的不同，廊内轩的形式与名称也随之不同，所用桁的根数也有差异。当廊进深较小时，除檐桁外可不设其他桁，如弓形轩、茶壶档轩（图 4-4-16、图 4-4-17）。当廊进深不大时，常加设一根脊桁，如一枝香轩（图 4-4-18）。当廊进深较大时，常做成三界回顶形式，如船篷轩（图 4-4-19）。

本节廊的模型以直廊卷棚顶为例（图 4-4-20、图 4-4-21）。廊模型的重难点在于屋顶部分的回顶望板制作，制作时需要将回顶望板手动刻线并将其掰弯，还需注意望板曲度的塑造应与下层弯椽契合。

图 4-4-16 弓形轩   图 4-4-17 茶壶档轩

图 4-4-18 一枝香轩   图 4-4-19 船篷轩

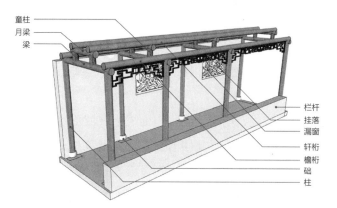

童柱
月梁
梁

栏杆
挂落
漏窗
轩桁
檐桁
础
柱

图 4-4-20 廊模型构件展示 -1

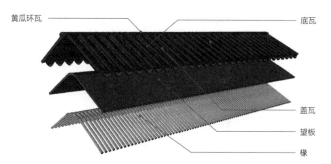

黄瓜环瓦
底瓦

盖瓦
望板
椽

图 4-4-21 廊模型构件展示 -2

（一）材料与工具

材料：木板 1（厚 2mm）、木板 2（厚 1.5mm）、木棍 1（直径 4mm）、木棍 2（直径 3mm）、方木棍（边长 2mm）

工具：UHU 胶水、美工刀、直尺、铅笔、镊子、砂纸、切割垫

（二）制作程序

1. 构件制作

（1）激光刻板。将木板放置在激光雕刻机上，对其进行雕刻。廊的望板与挂落选用 1.5mm 厚的木板进行机刻，其余均选用 2mm 厚木板进行机刻。机器将木板切割成不同形状，分别对应廊的各样构件，如挂落、栏杆、望板等，或在木板上进行刻线，作为构件定位线或装饰纹路。

（2）手工割棍。对照建筑图纸，提前准备好所需的不同规格的木棍。制作廊建筑需用直径 4mm 木棍作柱，直径 3mm 的木棍作童柱与桁，方木棍用以制作戗角。切割不同长度木棍并打磨断面，使之平整。

（3）构件粘贴。制作建筑构件时，若单层木板厚度较薄，应提前将若干木板重合粘贴，使其满足比例要求，如廊建筑中的戗脊、竖带等。

2. 主体制作

园林建筑的制作要遵循传统建筑营造法则，先完成廊的大木构架的搭建，再完成整个建筑的主体部分。

（1）根据比例制础，将其粘贴到建筑底板上，契合底板上所刻础的定位线。

（2）础上立柱，柱间设梁，梁两端各架一桁（图 4-4-22）。

（3）梁上架两童柱，童柱上架设月梁，月梁两端各搭一轩桁（图 4-4-23）。

（4）大木构架完成后，进行所有墙体于相应位置的搭建（图 4-4-24）。

（5）栏杆装于柱间，挂落置于梁桁下（图 4-4-25）。

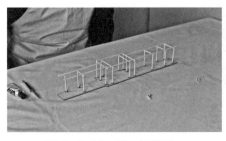

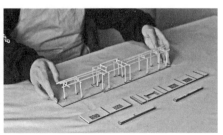

图 4-4-22　梁、桁搭设　　　　　图 4-4-23　轩桁搭设

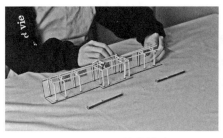
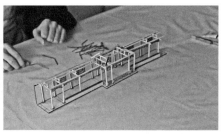

图 4-4-24　墙体搭建　　　　　　　图 4-4-25　外檐装修

3. 屋顶制作

主体部分制作完成，接下来制作廊的屋顶部分。

（1）参照剖面形式，将弯椽整体切割，搭设在檐桁与轩桁之上，椽间间距为一望砖的长度。

（2）回顶望板的制作为重难点。第一步，为了便于制作，将望板分为三份，对望板上部进行单独处理。第二步，在回顶望板部分，沿着廊的方向画出多条参考线，参考线需两侧对称。第三步，使用美工刀沿线切割，切出划痕但不割透。第四步，掰弯望板使其变成曲面，将望板放在弯椽上，比对并调整曲度，使其契合（图 4-4-26）。

（3）瓦片按序排列，垂直于望板表面粘贴，在两侧望板最底端贴滴水与花边瓦（图 4-4-27）。望板覆盖椽面粘贴。

（4）黄瓜环瓦盖于屋脊处，以替代建筑屋脊用。廊制作完成（图 4-4-28）。

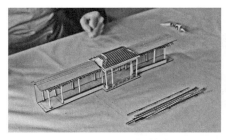

图 4-4-26　回顶处理　　　　　　　图 4-4-27　瓦片粘贴

图 4-4-28　成品展示

附：堂手工模型
制作视频教程

三、厅堂

厅、堂依其大梁用料之不同而有所区分，用方料者称为厅，用圆料者称为堂。由于园林建筑名称不甚严格，厅、堂用途与规模类似，故习惯合称厅堂。厅堂按其贴式构造不同，可分为下列数种：扁作厅、圆堂、贡式厅、回顶、满轩、鸳鸯厅等。厅堂建筑屋顶形式主要有硬山顶与歇山顶两种，歇山顶一般用于四面厅，有时也用于鸳鸯厅。硬山顶可应用于除四面厅外任何形式的厅堂。

厅堂是园林中的主体建筑，通常体量较大，一般居于园林中的重要位置，是园主接见宾客、宴请聚会的主要场所。《园冶》中写："凡园圃立基，定厅堂为主，先乎取景，妙在朝南。"由此可以看出厅堂在园林中位置十分重要，山水花木常在厅堂前展开，是观赏主景的最佳位置。

本节厅堂的模型制作，以硬山顶抬头轩扁作厅为例（图 4-4-29～图 4-4-31）。厅堂模型制作的重难点在于对木构架的掌握。厅堂是园林中的大型建筑，木构架较为复杂，所以掌握木构架的搭建方法尤为必要。

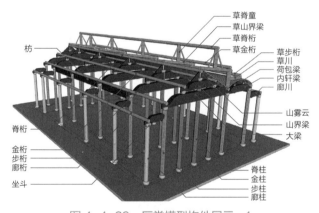

图 4-4-29　厅堂模型构件展示 -1

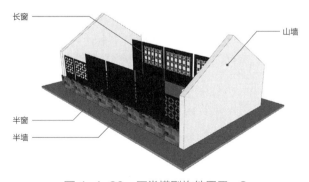

图 4-4-30　厅堂模型构件展示 -2

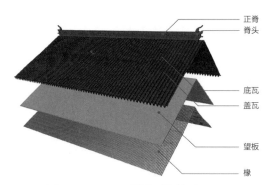

图 4-4-31　厅堂模型构件展示 -3

（一）材料与工具

材料：木板 1（厚 2mm）、木板 2（厚 1.5mm）、木棍 1（直径 5mm）、木棍 2（直径 4mm）、木棍 3（直径 3mm）

工具：UHU 胶水、美工刀、直尺、铅笔、镊子、砂纸、切割垫

（二）制作程序

1. 确定图纸

厅堂这类规格较高、体量较大的建筑，除了需要准备其他园林建筑所需的图纸外，还必须绘制相应的梁架正贴与边贴图纸，明确建筑正间与山墙上大木构架的差异，保证后期建筑模型制作的准确性。

2. 构件制作

（1）激光刻板。将木板放置在激光雕刻机上，对其进行雕刻。厅望板选用 1.5mm 厚的木板进行机刻，其余构件均选用 2mm 厚木板进行机刻。机器将木板切割成不同形状，分别对应厅的各构件，如扁作梁、枋、望板、瓦片等，或在木板上进行刻线，作为构件定位线或装饰纹路，如底板定位线、山雾云等。

（2）手工割棍。对照建筑图纸，提前准备好所需的不同直径的木棍。制作厅建筑需用直径 5mm 木棍作柱，直径 3mm 的木棍作草山界梁、桁条，其余均用直径 4mm 木棍制作。测量出不同直径木棍分别所需的长度，用直尺与铅笔在木棍上标注出切割点，用美工刀将其切断，并用砂纸打磨断面，使之平整。

（3）构件粘贴。制作建筑构件时，单层木板厚度较薄，应提前将若干木板重合粘贴，使其满足比例要求，如厅中的扁作梁、山墙等。

3. 主体制作

园林建筑的制作要遵循传统建筑营造法则。第一步，完成厅的大木构架的搭建。厅之木构架较为复杂，其模型制作的重难点在于对木构架的掌握，需要做到区分木构架各部件，并注意木构架的搭建位置与顺序。否则会造成构架搭接错误，以致整体结构不稳固。

（1）根据比例制础，将其粘贴到建筑底板上，契合底板上刻的础的定位线。

（2）将脊柱、金柱、步柱与廊柱等按序垂直固定于相应的础上（图4-4-32）。

（3）内四界两步柱之上设置坐斗各一，斗口之上架大梁。大梁两端之上各搭一步桁（图4-4-33）。

（4）大梁上置两坐斗，与金柱位置对应。坐斗上搭设山界梁。山界梁两端各搭一金桁（图4-4-34）。

（5）山界梁居中放一坐斗，其上搭设山雾云。山雾云上端居中搭设脊桁（图4-4-35）。

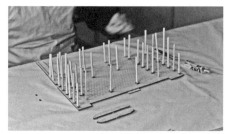

图4-4-32　堂柱搭设

图4-4-33　步桁搭设

图4-4-34　金桁搭设

图4-4-35　脊桁搭设

（6）内轩两步柱之上设坐斗，搭内轩梁，内轩梁一侧搭步桁。内轩梁上置坐斗两个，斗口之上架短梁，短梁中部隆起作荷包状，称荷包梁。荷包梁两端架桁，称为轩桁（图4-4-36）。

（7）外围廊柱上置一坐斗，上架廊川。廊川外侧搭设廊桁。

（8）抬头轩之轩梁底与大梁底相平，且与内四界不在同一屋面，故需设草架，架重椽。先架内椽，于荷包梁顶部安弯椽，弯椽旁步桁、金桁、脊桁上安直椽。

（9）内椽椽面需覆盖内望板，内望板上不贴瓦片。

（10）而后开始搭设草架（图 4-4-37）。将草山界梁一端架设于脊桁之上，另一端置于步柱之上并在其上搭设草金桁。

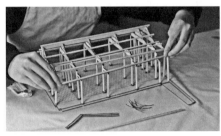

图 4-4-36　轩桁搭设

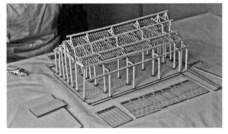

图 4-4-37　草架搭设

（11）草山界梁上竖直放置草脊童，位于厅居中位置，草脊童顶部搭设草脊桁。

（12）草川架设于弯椽望板上部，草川外侧架草步桁。

厅的大木构架完成，第二步，完成其余主体部分的搭建。

（1）若干枋固定于步桁下方。

（2）山墙与半墙固定于相应的位置上。

（3）长窗装于步柱之间，半窗置于半墙之上（图 4-4-38）。

4. 屋顶制作

主体部分制作完成，接下来制作厅的屋顶部分。

（1）参照剖面形式，将外椽整体切割，切割时需要注意大木构架的提栈要求，外椽直椽整体搭设在桁之上，椽间间距为一望砖长度，2～3 个椽宽（图 4-4-39）。

图 4-4-38　主体搭设

图 4-4-39　椽子搭设

（2）外椽椽上覆盖望板，并粘贴瓦片。望板表面均匀涂上 UHU 胶水，将瓦片垂直粘贴在望板上，按序排列紧密贴合，在最底端瓦片外贴上滴水与花边瓦。而后将椽面涂上胶水，放置望板。

（3）前后屋面合角于脊桁之上，合角之处筑屋脊（图4-4-40）。

图4-4-40　成品展示

附：榭手工模型制作视频教程

四、榭

榭多置于池畔，半临水池，临水立面开敞，是借助四周景色而成的临水建筑，故又称水榭。水榭多为单层，平面为长方形，面阔一至三间，视野宽阔，临水一面常设美人靠，游人凭栏而坐，是观景的极佳之处，也丰富了园林的水体景观。水榭前半部跨于水面，置石柱以承重，任水面延伸至建筑之下，使水面有不尽之意，这是苏州园林理水的常用手法之一。榭的建筑屋顶多为歇山回顶、硬山顶，或戗角飞翘，或简洁大方。

本节榭模型制作以硬山顶为例（图4-4-41～图4-4-43）。榭模型的重难点与廊、厅类似，在于对木构架的掌握与回顶屋面的制作。

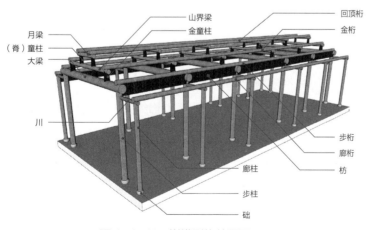

图4-4-41　榭模型构件展示-1

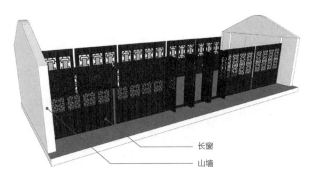

长窗
山墙

图 4-4-42　榭模型构件展示 -2

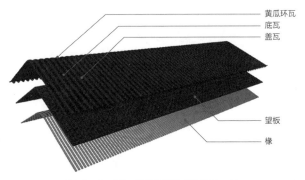

黄瓜环瓦
底瓦
盖瓦

望板
椽

图 4-4-43　榭模型构件展示 -3

（一）材料与工具

材料：木板 1（厚 2mm）、木板 2（厚 1.5mm）、木棍 1（直径 6mm）、木棍 2（直径 4mm）、木棍 3（直径 3mm）

工具：UHU 胶水、美工刀、直尺、铅笔、镊子、砂纸、切割垫

（二）制作程序

1. 构件制作

（1）激光刻板。将木板放置在激光雕刻机上，用纸胶带固定住木板，导入 CAD 图至激光雕刻机，对木板进行雕刻。水榭的望板与挂落选用 1.5mm 厚的木板进行机刻，其余构件均选用 2mm 厚木板进行机刻。机器将木板切割成不同形状，分别对应水榭的各构件，如底板、枋、望板、瓦片等，或在木板上进行刻线，作为构件定位线或装饰纹路，如底板定位线、窗花等。

（2）手工切棍。对照建筑图纸，提前准备好所需的不同直径的木棍，制作榭需用直径 6mm 木棍作大梁，直径 4mm 木棍作步柱、金童柱，直径 3mm 的木棍作廊柱、山界梁、童柱、月梁、桁、川等。测量出不同直径木棍分别所需要的长度，使用直尺与铅笔在木棍上标注出切割的定位点，用美工刀将木棍切断，然后使用砂纸打磨断面，使之平整。

（3）构件粘贴。制作建筑构件时，单层木板厚度较薄，应提前将若干木板重合粘贴，使其满足比例要求，如榭中的山墙。

2. 主体制作

园林建筑的制作要遵循传统建筑营造法则。第一步，完成榭大木构架的搭建。榭模型重难点在于对木构架的掌握，榭的大木构架较为复杂，需要做到区分木构架各部件，注意木构架的搭建位置与顺序，否则会造成构架搭接错误，整体结构不稳固。

（1）根据比例计算出模型础厚，使用单层础或将多层础重合粘贴，满足比例要求。础粘贴到底板上，契合底板上刻的础的定位线。

（2）将步柱竖直固定于相应的础上，后固定廊柱。建筑廊下所列之柱为廊柱，支撑大梁的柱称步柱（图4-4-44）。长窗装于步柱之间，应在胶未干时，将长窗放在柱间，通过微调保证步柱的垂直，并确保柱间距与长窗的宽度相同，避免后期粘贴时，构件无法嵌入或出现缝隙。

（3）相邻的步柱上架设水榭的大梁（图4-4-45）。

（4）大梁两端架步桁，步桁与大梁呈90°夹角（图4-4-46）。大梁上各架两金童柱，金童柱间距见剖面。

（5）两金童柱上架设水榭的山界梁（图4-4-47）。

（6）山界梁两端架金桁，金桁需要保证与相应的步桁平行（图4-4-48）。山界梁上各架两金童柱，位置见剖面。

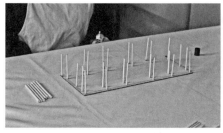

图4-4-44　榭柱搭设

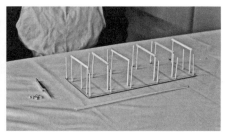

图4-4-45　大梁搭设

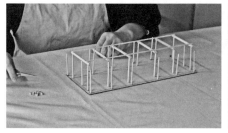

图4-4-46　步桁搭设

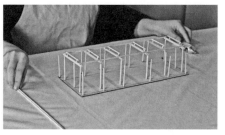

图4-4-47　山界梁搭设

（7）两金童柱上架设月梁。月梁两端架设回顶桁，回顶桁也要保证与步桁平行（图4-4-49）。

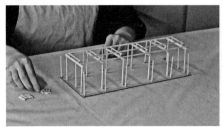

图4-4-48　金桁搭设　　　　　　　　　　　图4-4-49　回顶桁搭设

（8）在外围廊柱上搭设川，与相邻步柱贴合。

（9）川上搭设檐桁，檐桁应与相应步桁平行。

水榭的大木构架完成，第二步，进行其余主体部分的搭建（图4-4-50）。

（1）将若干枋固定于桁下方，两侧固定在柱间。

（2）将墙体固定于建筑相应位置。

（3）将长窗固定在底板上，安插于步柱间。廊下挂落固定于枋下。

3. 屋顶制作

主体部分制作完成后，开始制作水榭的屋顶部分。

（1）参照剖面形式，将椽整体切割，搭设在桁之上，椽间距为一望砖长，2~3个椽宽。

（2）榭模型的另一个重难点在于回顶屋面的制作，需要将回顶部分的望板手动刻线并将其掰弯，在制作时需注意望板曲度的塑造，使其与下层弯椽契合。

（3）在望板表面均匀涂上UHU胶水，将瓦片垂直放置在望板上，按序排列使其铺满望板，保证瓦片排列整齐、紧密贴合。在望板最底端瓦片外，贴上滴水与花边瓦。屋面制作完成，最后将其固定在椽上（图4-4-51）。至此，完成水榭模型的制作（图4-4-52）。

　　　　　　图4-4-50　主体搭设　　　　　　　　　图4-4-51　屋面制作

图 4-4-52　成品展示

 附：轩手工模型
制作视频教程

五、轩

中国传统园林中称"轩"的有两种：一种是建筑构造专业名词，指厅堂内的一种屋架形式或天花形式；另一种是指用于观景的单体小建筑。轩作为观景建筑时，大多置于高敞临水之处，外形轻巧雅致。在园林中，轩多作为点缀性的建筑，形式多样，所以造园者在布置时要考虑在何处设轩，它既非主体，但又要有一定的视觉感染力，可以看作是"引景"之物。

本节轩模型制作以卷棚歇山顶为例（图 4-4-53～图 4-4-55）。轩模型制作的重难点在于屋顶部分歇山顶望板的制作。

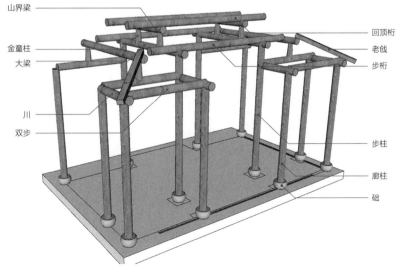

图 4-4-53　轩模型构件展示 -1

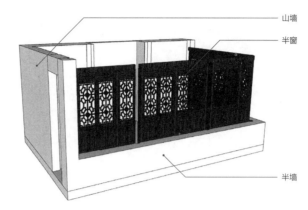

图 4-4-54　轩模型构件展示 -2

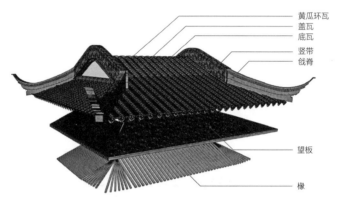

图 4-4-55　轩模型构件展示 -3

（一）材料与工具

材料：木板 1（厚 2mm）、木板 2（厚 1.5mm）、木棍（直径 4mm）

工具：UHU 胶水、美工刀、直尺、铅笔、镊子、砂纸、切割垫

（二）制作程序

1. 构件制作

（1）激光刻板。将木板放置在激光雕刻机上，用纸胶带固定住木板，将 CAD 图导入激光雕刻机，对木板进行雕刻。轩的望板选用 1.5mm 厚的木板进行机刻，其余构件均选用 2mm 厚的木板进行机刻。将木板切割成不同形状，分别对应轩的各构件，如底板、望板、瓦片等，或在木板上进行刻线，作为构件定位线或装饰纹路，如底板定位线、窗花等。

（2）手工切棍。对照建筑图纸，提前准备好所需木棍，由于轩较为轻巧，所以选用直径 4mm 的木棍做轩的木构架。测量出不同构件木棍所需要的长度，使用直尺与铅笔在木棍上标注出切割的定位点，用美工刀将木棍切断，然后使用砂纸打磨断面，使之平整。

（3）构件粘贴。由于单层木板厚度较薄，所以应提前将若干木板重合粘贴，使其满足厚度比例要求，如轩的山墙。

2. 主体制作

园林建筑的制作要遵循传统建筑营造法则。第一步，完成轩的大木构架的搭建。

（1）将础粘贴到建筑底板上，契合底板上刻的础的定位线。

（2）将步柱、廊柱竖直固定于相应的础上（图4-4-56）。

（3）相邻步柱上架设轩的大梁，相邻廊柱上架川，注意川与相应大梁平行（图4-4-57）。

（4）大梁两端架步桁，步桁与大梁呈90°夹角。步柱与廊柱间设双步相连，双步须与步桁平行（图4-4-58）。

（5）大梁上各架两金童柱，金童柱间距依据剖面图确定。两金童柱上架设轩的山界梁（图4-4-59）。

（6）山界梁两端架回顶桁，回顶桁与相应的步桁平行（图4-4-60）。

（7）内侧双步上各搭设一金童柱，金童柱上架设梁。戗角搭设于大梁与双步之上。

轩的大木构架完成。第二步，开始轩其余主体部分的搭建，将半窗与墙体固定于建筑相应位置（图4-4-61）。

图4-4-56 轩柱搭设

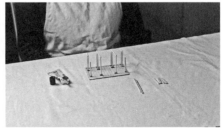

图4-4-57 梁川搭设

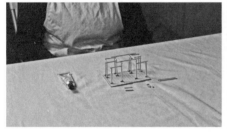

图4-4-58 双步搭设

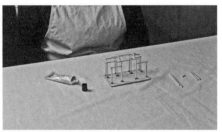

图4-4-59 山界梁搭设

图 4-4-60　回顶桁搭设

图 4-4-61　主体搭设

3. 屋顶制作

主体部分制作完成，接下来制作轩的屋顶部分。轩模型制作的重难点在于歇山顶望板的制作。歇山顶望板难以一次性绘制成功，若绘制不当，制作时会出现望板无法契合的情况，从而导致屋顶存在裂缝，使模型的美观性与精致性大打折扣。

（1）参照剖面形式，将椽整体切割，搭设在桁之上，椽与椽间距为一个望砖的长度。

将轩的歇山顶望板分为左、中、右三部分，其中左右望板尺寸相同，均为梯形。通过测量屋顶平面图得出左侧梯形望板的上下宽度，根据建筑实体常用望板的厚度来确定模型中部望板的厚度，连接望板两侧，得到左侧望板，将其镜像得到右侧望板。同样的方法测出中部望板的宽度，望板厚度保持一致，保证中部望板的三角斜边与两侧望板斜边的长度契合。将制作完成后的望板放置在对应位置进行核对，有细微不匹配处，可手工切割完善（图 4-4-62）。

（2）在望板表面均匀涂上 UHU 胶水，将瓦片垂直放置在望板上，按序排列使其铺满望板，保证瓦片排列整齐、紧密贴合。在望板最底端瓦片外，贴上滴水与花边瓦。拼合多片望板，屋面制作完成，最后将其固定在椽上（图 4-4-63）。

（3）粘贴竖带和戗脊，轩的模型制作完成（图 4-4-64）。

图 4-4-62　望板比对

图 4-4-63　屋面制作

图 4-4-64　成品展示

第五节　假山置石制作

山石是造园四要素之一。相对于建筑模型制作的"有法有式"，假山的制作则是"有法无式"，无固定之法。一般来说，园林中的假山有作为园林主景的，如苏州环秀山庄假山，常熟燕园亦是如此，这类假山往往置于园林中部，四周皆可成景，制作极难。另一类假山是位于庭院一侧，面向主体建筑的对景假山，如南京瞻园假山、苏州留园假山、泰州乔园假山等，这类假山以正面为主，背面和侧面较为隐蔽，制作相对较易。此外，还有贴壁山、山石池和楼山之类，这些类别的假山主要作为分隔空间和局部造景之用，制作也较为容易。

假山模型制作前，需要"搜尽奇峰打草稿"，观察自然界中真山的变化，确定山体的类型。山之低处为山麓，中部为山腰，高处为山头，视每处的造型特征又有峰、峦、台、坡、谷、峡、穴、岫、洞、崖、壁、砑、梁、汀之说，千变万化但不离其宗。前人摸索出了许多制作假山模型的方法，有泡沫烫形法、塑石制作法、真石模拟法、油泥堆塑法等，本书以泡沫烫形法和油泥堆塑法为例作详细介绍。

一、泡沫烫形法

泡沫烫形法是一种较为特殊的假山石模型制作方式，主要用电烙铁对所选泡沫进行烫制塑形。细尖烙铁头可用于制作湖石假山，扁平烙铁头可用于制作黄石假山。特别是对于制作湖石假山模型，此法具有良好的效果。

这种制作方法的优点是易于塑形、表面坚硬，造型逼真、形神俱备，经济实惠、易于搬运等；而缺点则是在烫制过程中会产生刺鼻的气味，需提前做好开窗通风、佩戴口罩等防护措施。

（一）材料与工具

材料：聚苯乙烯（泡沫）、铁丝（直径 0.2mm）、塑形土、丙烯颜料等

工具：60W 电烙铁、美工刀、水粉画笔、防水勾线笔、UHU 胶水

（二）制作程序

1.确定图纸

制作假山置石的模型，不论是设计的或是测绘的，首先都需要确定相应的图纸，以明确山石的品类、体量、形态、周边环境、配合元素等内容。因此，在模型制作前，需要完成以下图纸。

总平面图：假山置石在园林空间的位置，以及其与建筑、水体、植物、道路铺装等元素之间的关系。

平面图：假山置石本体所在地的具体位置，其主峰、次峰、配峰等各部分的相互关系，以及不同标高层面的假山之间的平面关系等。

立面图：假山置石各部分在立面上的相互关系，特别是明确各高点、低点、转折点等重要的高程控制点，并表达出假山置石的纹理与走向。

剖面图：剖面图可以帮助确定假山置石内部（立面无法展示部分）的相互关系，可根据需要提供一至数个横向、纵向断面。

效果图：效果图可以提供具体、形象的假山置石的整体空间关系，有助于保障模型制作对设计意图的充分体现。

体块分解图：通过对假山置石整体的分析、解构，将假山置石分解成若干体块并进行编号，以方便模型的制作。

2.平面放样

工具、材料和图纸等准备好后，就可以进行模型制作了。首先需要确定假山置石的平面定位，即在模型底板上明确假山置石的占地形态，并画线确定。画线可以使用防水勾线笔或刻写钢板的铁笔，也可以利用激光雕刻机在底板上刻线来实现。

平面放样首先需要按照总平面图确定假山置石与建筑、水体、园路、铺装等元素之间的相互关系，然后依据假山置石的占地平面图，确定详细的平面定位，明确假山置石的底面轮廓线。如果假山体量较大，还需要依照体块分解图对其平面放样轮廓进行对应分解，并将各分体块编号标注在相应位置，以方便后期模型的装配。

3. 形态塑造

底板上的平面放样完成后，就可以开始假山置石模型本体的制作了。

第一步，形态粗加工。通过堆叠泡沫体块，模仿真实假山的堆山步骤。

（1）筑基。根据底板上的假山底面轮廓，使用美工刀切割出与底面轮廓近似的多面体泡沫块，作为假山的基础层，将其放置于模型底板上。

（2）中层。根据图纸资料计算出假山中层石块的尺寸，用美工刀切取一个或多个多面体泡沫块，依照图纸进行堆叠。中层是整座假山的关键部位，泡沫体块堆叠时应注意凹凸曲折、错落有致，符合图纸的形态要求。

（3）结顶。顶部叠石形态万千，根据假山真实形态切割泡沫体块并堆叠在中层假山上。使用 UHU 胶水均匀涂抹在各泡沫体块衔接处，使基层、中层和顶部泡沫体块间相互固定（图 4-5-1）。

第二步，整体形体塑造。在粗加工的基础上，进行假山形体的细化塑造，并模拟相应的石材特征与质感。

将 60W 的电烙铁加热至 350℃高温，触碰假山并缓慢移动，使其外部熔化变形，塑造出舒展流畅的轮廓线。而后将电烙铁的尖头轻轻插入假山，根据需要烫出穴洞涡环等，营造出湖石窝洞相套、玲珑剔透的效果（图 4-5-2）。在此过程中，对假山基础层、中间层、结顶层都需进行一一塑造：首先，用电烙铁触碰基础层边缘，塑出底面轮廓，使之与假山底板平面轮廓一致；其次，塑造中间层，应注意形态的丰富变化，保证形体结构与上下叠石融合统一；最后，塑造结顶层，因其在展示过程中最为直观，决定了假山整体的观赏效果，应细致塑造。

图 4-5-1 体块堆叠　　　　　　　　图 4-5-2 轮廓塑造

4. 纹理刻画

太湖石属石灰岩，其纹理纵横，脉络显隐，因溶蚀作用石面多坳坎，呈现出涡、纹、隙、沟、环、洞及曲形锋面等外观样式，形成了"瘦、皱、透、漏"的材质特点。太湖石玲珑剔透、柔曲圆润、瘦骨突兀、涡洞相套，其造型和纹理需细致刻画。

（1）使用 60W 的电烙铁，将直径为 0.2mm 的铁丝顺时针缠绕在电烙铁发热管上，并在尖头处留出约 5mm 长度（图 4-5-3）。

（2）电烙铁加热至 200℃低温，使热量传导至铁丝，用铁丝触碰假山石面，并缓慢移动电烙铁，烫出石面的脉络和石间细小狭缝，或将烙铁头轻轻插入假山，烫出石面的坳坎。通过对手上力量大小和接触泡沫时间长短的控制，来实现对假山纹理深浅和涡洞形态的呈现（图 4-5-4）。

图 4-5-3　铁丝缠绕　　　　　　　　图 4-5-4　纹理细化

（3）对照图纸及审美意趣，强化石材特点，对假山进行细微处理和调整，以更好地刻画假山的外观形态，营造出湖石假山凹凸有致、纤巧秀润的质感，达到"远观山势，近看纹脉"的效果。

5. 整体控制

在各个分解体块完成形体塑造和纹理刻画后，需要将各单体进行整体拼合并统一协调处理。

（1）将各个假山单体按前期确定的编号依次拼合于模型底板上。在此过程中，须保证各单体与相邻部分的接触面或曲面棱角相互匹配，如有相接部分不能良好拼合的，需运用前述方式进行微调处理，直至能够脉络相通，搭接合理。

（2）在处理好的各假山单体底部均匀涂上 UHU 胶水，将其固定于模型底板相应位置，形成完整的假山群（图 4-5-5）。

（3）观察已经固定好的假山，对不够合理的部分再次进行处理，使整体更加统一、协调，以有效形成空透玲珑、造型自然的假山整体。同时还需注意假山边缘与周边建筑、水体、植物、园路、铺地等的契合。

6. 修饰上色

对于假山单体拼接后留下的拼接石缝，以及假山群与周边环境的缝隙，需用塑形土来补强和美化。方法是在塑形土中掺入少量的水（塑形土与水的体积比为 3∶1～4∶1）并搅拌均匀，使用水粉画笔蘸取搅拌好的塑形土，涂抹于各缝隙中，注意要少量多次地操作，以保证塑形土既不会过多，又能填实缝隙。勾缝后等待 15 分钟使塑形土凝固，保证假山单体间、假山与周边环境间都平整贴合。

之后还需要对假山进行上色装饰。对假山进行颜色涂饰，既能增加光影效果，又能修饰勾缝色差。采用不易褪色干裂的丙烯颜料对假山上色，为使颜色与山体有效融合，且模型完成后不易褪色，可在丙烯颜料中加入少量肥皂粉（颜料与肥皂粉质量比约为 5∶1）。一般需将颜料调成浅蓝灰色和深蓝灰色两种颜色，对处在阳光下的假山部分，使用水粉画笔涂上浅蓝灰色；对处于阴影中的假山部分，涂上深蓝灰色。浅蓝灰色突出整体效果，深蓝灰色起到强化光影的作用，形成明暗对比（图 4-5-6）。在涂饰颜料九成干时，还可以在山脚处、凹陷处、结顶部分涂洒少量绿色、灰色、白色大小不等、疏密不同的斑点，以增强真实感、立体感和自然感。

7. 后期处理

假山模型制作完成后，可以在预留的种植穴中进行模型植物栽植，以使假山模型更加自然、整体，具有良好的景观效果。此外，还可以在坡脚、接缝处点缀一些小景，以美化、遮掩可能存在的瑕疵，尽可能达到最佳效果（图 4-5-7）。

图 4-5-5　单体组合

图 4-5-6　上色装饰

图 4-5-7　成品展示

二、油泥塑形法

油泥塑形法是一种较为常见的假山石模型制作方式，主要通过软化油泥后塑形石块并进行堆叠来塑造假山，更适宜制作黄石类假山模型。

这种制作方法的优点是易于塑形、加工简便、可反复修改等。而缺点也很明显，一是油泥较为软糯，难以表现假山石的冷硬感；二是油泥凝固速度较快，对制作速度要求较高；三是此方法需使用酒精灯等易燃设备，需提前做好灭火、佩戴口罩等预防措施。

（一）材料与工具

材料：精雕中硬油泥、PVC 发泡板、油纸

工具：酒精灯、三脚架、石棉网、烧杯、一次性纸杯、打火机、竹签、搅拌棍、美工刀、剪刀、镊子、UHU 胶水、切割垫、护目镜、口罩

（二）制作程序

1. 确定图纸

首先需要确定相应的图纸，以明确山石的品类、体量、形态、周边环境、配合元素等内容。

2. 平面放样

模型制作首先需要确定假山和置石的平面定位，即在模型底板上明确假山和置石的占地形态，可以使用防水勾线笔或刻写钢板的铁笔绘制，也可以利用激光雕刻机在底板上刻线来实现。

平面放样能够确定详细的平面定位，明确假山和置石的底面轮廓线。如果假山体量较大，还需要分解体块，将各分体块进行编号，并标注在相应位置，以方便后期模型装配。

3. 石块塑形

底板上平面放样完成后，就可以开始假山和置石模型本体的制作了。

（1）软化油泥。塑形的第一步就是软化油泥，是后期石块塑形的基础。先将油泥切成块状，放入导热性能良好的一次性塑料杯中。然后在烧杯中加水，使用酒精灯加热，将一次性塑料杯放入烧杯中水浴加热。待水沸腾1～2分钟后，油泥逐渐软化成浆状，使用搅拌棒搅拌，使其受热均匀。为防止烫伤，可使用镊子固定杯子。搅拌约5分钟，直至油泥完全呈浆状（图4-5-8）。

（2）混合PVC碎屑或小石子。由于油泥质感较为软糯，难以表现园

林假山的冷硬感，所以可在油泥中混合 PVC 碎屑或小石子。准备一小块 PVC 泡沫板，将其剪成粒径为 2～3mm 的碎屑（也可以选用同样粒径的小石子）倒入油泥中（PVC 碎屑或小石子体积与油泥体积的比例约为 1∶10），搅拌均匀（图 4-5-9）。待搅拌均匀后即可停止水浴加热。

（3）体块塑形。将油纸铺在切割垫上，便于后期清洁油泥。将杯中油泥混合物分批倒在油纸上。根据所需塑形的石块的体积大小，分别倒出相近体积的油泥，将其分开以免混合。待其稍硬，便可开始塑形，过程中使用搅拌棒等硬物对其进行体块造型，使其形成大小不一、形态各异的石块（图 4-5-10）。

（4）用搅拌棒等硬物对其表面进行形态修饰，并塑出石块的切面变化等，营造出黄石挺拔方正、稳定朴实的效果。

4. 石块堆叠

模仿真实假山堆叠的步骤。第一步，立脚，参照平面放样轮廓，将底层石块固定于底板之上。第二步，堆叠中层，注意整体关系，需遵从假山主次、起伏、疏密、层次、虚实的对比，并留出窝洞狭缝等，模仿自然界真山。第三步，结顶，顶部叠石高低错落，根据假山真实形态将石块堆叠在中层假山上（图 4-5-11）。

图 4-5-8　油泥软化

图 4-5-9　碎屑混合

图 4-5-10　体块塑形

图 4-5-11　石块堆叠

5. 纹理塑造

在石块未完全冷却硬化前，用竹签等细小工具对其表面塑形，刻画出表面纹理。

6. 整体塑造

在各个分解体块完成形体塑造和纹理刻画后，需要将各单体进行整体拼合并统一协调处理。

（1）将各个假山单体按前期确定的编号，依次拼合于模型底板上。在此过程中，须保证各单体与相邻部分相互匹配，如有相接部分不能良好拼合的，需运用前述方式进行微调处理。

（2）在处理好的各假山单体底部均匀涂上 UHU 胶水，将其固定于模型底板相应位置，形成完整的假山群。

（3）观察已经固定好的假山，对于不够合理的部分再次进行处理，使整体更加统一、协调。

7. 修饰上色

对于假山单体拼接后留下的拼接石缝，以及假山群与周边环境的缝隙，需用前述方法补强和美化，最终使得假山单体间、假山与周边环境间都平整贴合。

之后还需要对假山进行上色装饰。采用不易褪色干裂的丙烯颜料对假山上色，为使其不易褪色，可在丙烯颜料中加入少量肥皂粉（颜料与肥皂粉质量比约为 5∶1）。制作黄石假山模型一般需将颜料调成浅棕灰色和深棕灰色两种颜色，对处在阳光下的假山部分，使用水粉画笔涂上浅棕灰色；对处于阴影中的假山部分，涂上深棕灰色。浅棕灰色表现假山石整体效果，深棕灰色起到强化光影的作用，形成明暗光线的对比。在涂饰颜料九成干时，还可以在山脚处、凹陷处、结顶部分涂洒少量绿色、灰色、棕色大小不等、疏密不同的斑点，以增强真实感、立体感和自然感。

8. 后期处理

同湖石假山一样，黄石假山模型制作完成后，也可以在预留的种植穴中进行模型植物栽植，以使假山模型更加自然、整体，此外，还可以在坡脚、接缝处点缀一些小景，以美化、遮掩可能存在的瑕疵，以尽可能达到最佳的景观效果（图 4-5-12）。

总体来说，如果是制作湖石假山模型，在操作者技术较高、要求模型造型精致、预算又较少的条件下，使用泡沫烫形法较为合适；而制作黄石假山模型，或对模型外形要求相对较低时，使用油泥堆塑法较为合适。

图 4-5-12　成品展示

附：水体手工模型
制作视频教程

第六节　水体制作

　　水体对中国传统园林的整体空间结构起着决定性作用，是中国传统自然式园林的主导要素。在园林中水体往往与其他要素相互因借，成为点睛之笔。水体布置在中国传统自然式园林中一般分为两类：一类是集中式布局，如北京北海画舫斋、苏州网师园等，都是以水面为中心，建筑围绕水池设置，水面不大但给人宁静开阔的感觉；另一类是分散式布局，如南京瞻园、苏州拙政园、北京北海静心斋等，是将大水域划分成多个相互连通的小水域，使水体深邃藏幽、回环萦绕，给人以无穷无尽之感。

　　模型水体制作前，需要观察园林中水体的设计特点，确定水体的类型，如湖泊、水池、河流、山溪、源泉、古涧、潭渊、瀑布等，选择要呈现的景观效果。水体制作的表现方式与技巧较多，书中列举的两种方法仅供参考。

一、垫底平贴法

　　垫底平贴法是水体制作中最为简单的方法，即使用透明波纹纸或玻璃纸平贴在水体位置，代替水面。此方法适宜制作较为抽象的水体。垫底平贴法的主要优点在于制作的简便性与经济性，主要缺点是美观性与逼真性较差。垫底平贴法的简便性体现在制作材料易得，制作过程便捷迅速；经济性体现在材料成本低廉且用量很少。但此方法制作的水体表现形式较为抽象，真实性较弱，且由于市面上的波纹纸与玻璃纸尺寸有限，若模型水域较大则需多张波纹纸或玻璃纸拼贴，衔接处效果难以做到无痕，因而导致垫底平贴法美观性较差。

（一）材料与工具

材料：波纹纸、玻璃纸、白卡纸、蓝卡纸、丙烯颜料、细闪粉

工具：水粉画笔、UHU 胶水

（二）制作程序

1. 确定图纸

首先需要确定相应的图纸，明确水域大小、水体位置、水体样式、水体轮廓线、驳岸形态等内容。因此，制作水体前需完成以下图纸：

总平面图：明确水体在园林空间中的位置，以及其与周边建筑、驳岸、道路铺装的关系。

平面图：明确水体具体位置，水体轮廓线形态，水域大小。

剖面图：确定水体深浅，与驳岸、水边建筑、植物的比例关系。

2. 底板预留

工具、材料和图纸等准备好后，即可进行模型制作。制作水体前，首先需要在地形模型上预留水体位置与深度。

对于比例尺较小的模型，水面与路面高差可忽略不计，只需明确水体占地形态并做画线处理。画线可以使用防水勾线笔或刻写钢板的铁笔，也可以利用激光雕刻机在底板上刻出水体轮廓线来实现。

对于比例尺较大的模型，通常在底板上对水面部分作镂空处理，利用激光雕刻机对底板水体轮廓线进行切割，去除水体部分的底板，做出水面与路面的高差。若水域较深，可切割多张底板，重合粘贴，增加水体深度。

3. 垫纸平贴

底板上水体轮廓与深度制作完成后，就可以开始水体本体的制作了。

（1）选择透明波纹纸或玻璃纸表示水面，波纹纸的波纹规格有大、中、小三种，可根据模型比例或水域大小来确定。波纹纸可塑造波光粼粼的效果，玻璃纸可营造平静的水面效果。

（2）在透明波纹纸下方垫卡纸，衬托水面。白色卡纸更为纯净素雅，若追求逼真，可使用蓝色卡纸，或用丙烯颜料对卡纸上色，涂出深浅变化，并点缀石块、船只等，使其更加逼真。

（3）将粘贴好的透明波纹纸与卡纸外围涂上 UHU 胶水，粘贴在模型底板与底座之间。胶水干后颜色会变白，为避免其影响水体效果，胶水应沿水体边缘少量均匀涂抹。

4. 后期处理

为使波纹纸在阳光照射下更显眼，可撒微量细闪粉。

二、滴胶浇筑法

滴胶浇筑法也是较为常用的一种方法，即在底板上挖出水域形状后，用仿水胶体浇筑在挖好的形状内，待胶体凝固后使用颜料对水面进行上色。滴胶浇筑法是水体制作方法中应用最为广泛的一种，其真实感、可塑性较垫底平贴法有较大的优势，其主要不足在于模型制作周期较长，且不易修改。滴胶浇筑法中的水体运用仿水胶体浇筑，胶体凝固后在表面涂上水体颜色，模型真实感极强，且仿水材料为流动胶体，有较好的可塑性。但滴胶固化耗时较长，且固化后形成一个整体，不易再次修改，因而建议提前进行少量的调试，等确认效果后再进行模型水体的实际制作。

（一）材料与工具

材料：环氧树脂胶、水彩颜料、水粉颜料

工具：水粉画笔、UHU 胶水、高密度海绵、针、搅拌棒、纸杯

（二）制作程序

1. 确定图纸

和其他方法一样，滴胶浇筑法制作水体前也需确定相关图纸，包括水域大小、水体位置、水体形态、水体轮廓线、驳岸形态等内容。

2. 底板预留

预留水域位置与深度后才可进行浇筑，滴胶浇筑法需要做出水面与路面的高差，这样才可进行后期浇筑。

3. 防水处理

制作相对逼真的具象水体，需要用到液体材料，为避免其渗入模型底板缝隙中，首先要做好防水处理。将 UHU 胶水均匀平整地涂抹在所有会接触到环氧树脂胶的地方，如模型底板剖切面、模型底板与底座相接的缝隙等（图 4-6-1），静待 20 分钟，等胶水干结形成保护膜，完成密封环节。

4. 滴胶浇筑

底板做好防水后即可开始浇筑。环氧树脂胶中的 A 胶为主剂，B 胶为固化剂，需将环氧树脂 A、B 胶按比例混合（A 胶与 B 胶的混合体积比为 3.7∶1），使用搅拌棒匀速搅拌均匀，静置 10 分钟消泡。

园林水体效果依据制作手段的不同而有变化。方法一，在环氧树脂胶中滴入少量蓝绿色水彩颜料，搅拌均匀并静置，消泡后将其倒入水体模具中。此方法制作出的水体较为素雅，与质朴典雅的木质模型风格协调。方法二，使用水粉颜料在水体底部涂上湖蓝色，塑造出颜色深浅变化，再倒入透明环氧树脂胶（图 4-6-2）。此方法较第一种更能体现池底斑驳的真实感。使用滴胶浇筑法时，若追求丰富而逼真的效果，可分批次倒入胶体，待底层固化后，用画笔在底层滴胶表面勾画出小鱼、溪石、水草等，然后再倒入剩余胶体，可使水体景观具有立体感。

在胶体倒入模具后，需用针戳破气泡，避免影响水景效果。最后将其放在阴凉处静置 24 小时以上固化。在等待过程中应进行周边清理工作，以防止灰尘或杂物掉入其中（图 4-6-3）。

图 4-6-1　边缘防水　　　　　　　图 4-6-2　滴胶浇筑

图 4-6-3　成品展示

5. 水纹塑造

水面可根据实际需要做修饰处理。水体表面不作处理可得到平静水面效果，塑造水纹可得到波纹荡漾效果。若要获得水纹效果，可在胶体干结后再铺一层薄胶，使用干的水粉画笔或高密度海绵在表面均匀轻点或平滑拉线，塑造出不同的水面波纹。

综上所述，在预算有限、制作周期较短或对模型美观性与真实感要求较低的情况下，使用垫底平贴法较为适合。而对制作时长限制少，且对模型真实感有一定要求的情况下，建议使用滴胶浇筑法。

附：植物手工模型
制作视频教程

第七节　植物制作

园林植物是园林景观中重要的组成元素，与园林中的地形、水体、建筑等要素共同组成多样的景观形式。园林植物是景观表达的重要手段，是园林规划设计的重要层面。传统园林中的意境传达大多是和植物密切相关的，植物是中国传统园林意境营造的主要手段之一。

园林植物模型的制作需要运用高度的概括力和表现力，在造型上要近似于自然树种，在表现上要高度概括。由于灌木模型与乔木模型表现形式类似，制作的方法基本一致，因此本文将模型植物分为乔木与草本两类进行描述。

一、乔木

传统园林植物中乔木占据主导地位。在制作乔木前应确定树种，了解相应的形态、高度、冠幅、胸径等，再根据比例要求缩小尺寸，保证植物和模型比例一致。

乔木制作的表达形式可分为抽象树和具象树两种。

（一）抽象树制作

在小比例模型中，由于树的体型很小，精细制作比较困难，一般制作成抽象树。在大比例模型中，为了简化树的存在，突出建筑物，或制作周期较短时，有时也会制作成抽象树。但抽象树制作更适合现代公园模型，或以建筑为主体的模型，而传统园林模型风格素雅，使用抽象树作园林配景不太协调，不建议使用。本文以泡沫削球法和十字安插法为例，对抽象树的制作进行简单介绍。

1.泡沫削球法

泡沫削球法即以树木冠幅为直径，将泡沫削成球状或锥状模拟树冠，再插入镀锌铁丝模拟树干。制作阔叶树用大孔泡沫塑料制作，针叶树用细孔泡沫制作。"泡沫削球法"主要缺点在于造型呆板、制作麻烦。园林内树种较多，若形态全为单一球形会显得单调刻板，且制作时将若干方块泡沫削成球体会耗费大量时间，性价比较低。

第一步，根据模型树种选用合适泡沫块。计算出树木冠幅的模型尺寸，并在泡沫块上标注出相应尺寸，切割出一个以树木模型冠幅尺寸为边长的正方体泡沫块。第二步，修切泡沫体块的棱角，使其近似球体。第三步，在树球下插入镀锌铁丝，根据树木高度不同调整镀锌丝的插入长度。根据效果需要使用丙烯颜料对泡沫球进行上色，也可保持原有的纯白色，更加抽象素雅、富有意境。第四步，若底座材料较硬，镀锌丝无法插入固定，则需在镀锌丝底端额外预留出一定长度，将其在水平面环绕成圈，使树能在底板平稳站立。还可以在底端圆圈涂上 UHU 胶水粘贴，使其更加牢固。

2. 十字安插法

十字安插法是将两张较厚卡纸裁剪成简易的树木立面形状，将其中线处的插接口分别裁剪，然后将裁剪口以十字形方式插接，得到简易树木。十字安插法的优点是制作方便快捷，缺点是形态单薄呆板。十字安插法只需描摹、裁剪卡纸后拼接即可，效率较高。但形态呆板，不如其他方法美观。

第一步，在卡纸上画出所需树种简易的立面形式，如圆形、椭圆形、桃心形等，其宽度和高度需参照模型树种的冠幅、高度。为了方便后期粘贴，可将立面树形底端剪成水平线。第二步，两张纸片为一组，每张纸片中线位置设置插接口，使用剪刀分别在两张纸片的插接口上半部分和下半部分进行裁剪。然后对准两张纸片的裁减部分，按十字形插接。第三步，在纸片底端涂上少量 UHU 胶水，将其竖直固定于底板相应位置。

（二）具象树制作

由于植物是中国传统园林意境营造的主要手段之一，所以在传统园林模型制作中，通常选择具象树作为配景树，更能烘托传统园林模型素雅简洁的风格。

1. 锌丝仿真法

锌丝仿真法是使用多股镀锌丝拧合在一起作为树干，上端叉开拧合后进行塑形作为树冠，而后根据需要在树冠上粘贴模拟树叶，即制成一株植物。

锌丝仿真法是具象树制作方法中使用最为广泛的一种，主要优点是树木具有较好的真实感和多样性，缺点是制作周期长且程序复杂。镀锌丝制作树木枝干，泡沫与树粉制作其树叶，此方法制作的树逼真写实，且镀锌丝可塑性强，树木可根据树种制作出不同形态，且每株植物也不会一模一样，更具多样性。但此方法制作过程烦琐、耗时较多，难以批量制作。

（1）材料与工具

材料：镀锌丝（直径0.5mm）、小孔泡沫块、丙烯颜料、树粉

工具：白乳胶、剪刀

（2）制作程序

① 将镀锌丝截成若干根，每根长度为树木模型高度的1.3～1.5倍。

② 根据模型树的胸径选择镀锌丝根数，将镀锌丝下半部分拧成一股，制成树干。上部枝杈部位散开，选择2～4根镀锌丝将其拧合形成树枝。

③ 镀锌丝可塑性强，将枝杈部位进行扭曲塑形。各模型树的枝杈部分制作切忌千篇一律。树木基本骨架塑造完成（图4-7-1）。若重点表现层次丰富的树木枝干，可直接使用镀锌丝树木枝干；若重点表现枝叶的茂密，可继续以下步骤粘贴泡沫。

④ 可自行购买树粉，或使用细孔泡沫自行加工成泡沫碎用作树粉。将细孔泡沫使用丙烯颜料进行上色处理，泡沫建议切成小块以方便颜料浸透。根据树种的观花观果特性，可适量染些红色、黄色泡沫。可将颜色染得深浅不一以增添层次感，待颜料完全干燥后进行粉碎，粉碎颗粒根据需求可大可小。

⑤ 将泡沫碎放置在容器里，将白乳胶涂在枝干上需要粘贴处，将涂好胶水的枝干放入容器内搅拌，使涂胶部分粘满粉末（图4-7-2）。

图4-7-1　树干拧合　　　　　图4-7-2　树叶黏合

⑥ 白乳胶干燥后轻轻抖动模型树，抖落多余泡沫碎。未粘上泡沫碎的地方可再次滴上胶液，继续以上步骤，或撒上树粉，树粉与泡沫碎结合，可以增加树木层次感与细腻感。

⑦ 使用剪刀对树形树叶做一些修剪微调，具象树便制作完成了。

2. 干花写意法

干花写意法是指购买满天星类型的干花，并修剪其枝叶，使其满足模型树的要求。干花形态优雅、颜色淡雅，具有素净简朴之感，更能展现传统园林风貌，营造传统园林意境，是传统园林具象树制作的最佳工具之一。此方法的缺点是干花难以自制，需另外购买，成本较高；且干花运输途中极易被压扁，需通过后期整形、修剪，使其形态更加自然饱满。

（1）材料与工具

材料：干花满天星

工具：剪刀、美工刀、UHU 胶

（2）制作程序

① 成品干花枝条较为杂乱，且树形扁平，缺乏饱满感。首先需要修剪分叉枝干和多余树枝，使干花枝叶干净利落不杂乱。修剪后在干花枝干上寻找空缺点，使用美工刀刀尖在枝干空缺点扎洞，将多余树枝的根部插入洞中（图 4-7-3）。

② 不论是修剪后的枝干，还是空缺处插入的枝干，塑形时都应使枝干主势上挺，出枝的长短和疏密富有变化，满足模型植物形态需要。

③ 为方便干花模型后期站立粘贴，常切割小块泡沫，将干花底部插入泡沫，使其稳固。为避免方形泡沫粘贴在地形上较为突兀，通常将泡沫表面削切成平缓地形状（图 4-7-4）。

图 4-7-3　树枝安插　　　　　　图 4-7-4　底座削切

经对比与总结，在现代公园模型或以建筑为主体的模型中，使用泡沫削球法或十字安插法等抽象树制作法较为合适，更加符合整体模型的风格。在对树形要求较高、制作时间充裕的情况下，适合使用锌丝仿真法或干花写意法。

灌木指没有明显的主干、呈丛生状态、比较矮小的树木，一般可分为观花、观果、观枝等几类。灌木的制作方法与锌丝仿真法和干花写意法基本相同，在制作时有以下两点需要注意：第一，制作枝干时弱化主干、缩短高度；第二，制作树冠时，可根据灌木观花观果等特性，点缀适量红色、黄色粉末或颜料，以更贴近实际效果。

二、草本

草本制作较为简单，在植物制作里起衬托作用。其表现形式也分抽象和具象两种情况，制作风格需与乔木、灌木保持一致。

第一种，抽象草本制作。使用刨刀将木板废料刨成木屑，接着在需要铺设草本的范围内涂上白乳胶，而后撒上木屑，待白乳胶凝固后吹去多余木屑。此方法材料易得、制作简便，若建筑模型原料为木板，能与整体风格相呼应。

第二种，具象草本制作。具象草本的材料可选用自制的泡沫碎或购买现成的草粉，泡沫碎制作方法与前述方法类似，将小孔泡沫块进行染色后敲碎，后在草本种植范围表面涂上白乳胶，撒上泡沫碎，待白乳胶凝固后吹去多余材料。

若使用草粉制作，需先购买现成的模型草粉材料，根据传统园林意境一般选取枯草色或灰绿色，也可将两种颜色混合，营造斑驳感。制作时，首先在草本种植区表面均匀涂上胶水（图 4-7-5），接着撒布草粉，静置待干，最后吹去多余浮粉即可（图 4-7-6）。

图 4-7-5　胶水涂抹　　　　　　　图 4-7-6　草粉撒布

第八节　其他要素制作

传统园林模型制作中的其他要素包括桥、人物、墙垣等，这类配景在整体模型中所占比例较小，但若制作出色，在模型中能起到锦上添花的作用。

传统园林模型中配景制作的表现形式和精细程度，需根据模型主体而定。就配景制作的表现形式而言，若传统园林整体意境素雅抽象，则配景的表现形式也要朴素，以免配景过于具象凸显、格格不入；若模型整体表现形式追求具象，配景制作也应逼真，才能达到整体协调的效果。就配景制作的精细程度而言，由于配景对模型主体主要起装饰作用，所以其制作精细程度一般不超过模型主体，若过分细致往往会引起人们视觉中心的转移，喧宾夺主。

传统园林模型中，配景制作与模型主体制作有着高度的同步性，不建议购买成品配景，建议自行制作。

一、桥梁

（一）平桥

传统园林中的平桥是指桥面平坦的桥，即桥面与水面或地面平行，桥面无起伏。桥面以下大多采用石墩、木墩等直立支撑，整体形象比较质朴素雅、简洁大方。

平桥制作较为简单，绘制图纸时，将首层底板中的桥面与底板整体绘制，将下层底板中的桥面部分去除。雕刻后将其叠加，营造出平桥架设水面之上的高差感。

（二）曲桥

曲桥桥面平坦，桥身有曲折，呈多段弯折形式，一般有三曲、四曲、五曲乃至九曲之分。曲桥常架设在园林水池之上，以分隔水面，扩大空间感，且能在曲折中变换游人视线，做到"步移景异"。

曲桥除平面形式较平桥有所变化，制作方法与平桥相同。

（三）拱桥

传统园林拱桥造型优美，极富感染力。常见的拱桥形式有单拱、双拱、多拱，园林中的拱桥，以单拱最为常见，单拱更加秀美玲珑，为园林增添了意境与美感。

拱桥的制作较平桥更为复杂（图4-8-1）。第一步，绘制图纸。明确拱桥平面、立面以及拱券尺寸。第二步，切割制作。在板材上切割下相应的部件，使用UHU胶水粘贴，得到桥梁主体。第三步，细部勾画。使用锉刀在桥梁表面刻出条石、铺装的凹槽纹理。使用丙烯颜料涂抹上色，上色时应注意多使用颜色的叠加，营造出桥面斑驳感（图4-8-2）。

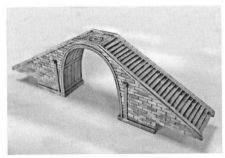

图 4-8-1　拱桥制作

图 4-8-2　拱桥细节

二、人物

人物模型的制作也分抽象和具象两种表现方式。抽象人物通常采用"纸板描边法"，制作方法是采用铅笔在卡纸上勾勒出人物轮廓，用剪刀剪出，即可得到精炼的人物剪影。具象人物的表现常采用"软陶捏塑法"，以各色软陶为材料，用雕塑刀等工具塑造出人物各部件，使用牙签、胶水等工具将各部件相互固定，最后使用丙烯颜料对其表面进行上色（图 4-8-3）。

三、墙垣

传统园林墙垣也是园林景观的一部分，它能起到限定空间、围护场地的作用。墙垣制作较为简单，第一步，绘制图纸。根据围墙的长宽绘制相应的矩形木板，并在木板上端画出墙脊线，绘制相应数量的瓦片以及滴水、花边收头。第二步，机器雕刻。利用激光雕刻机将围墙部件进行雕刻、切割。第三步，部件粘贴。将第一层瓦片顶端对准墙脊线下端，粘贴在围墙墙体上；第二层瓦片粘贴在第一层瓦片外侧，瓦片顶端比第一层瓦片顶端低三分之一瓦宽，第三层滴水和花边瓦粘贴在第二层瓦片下三分之一处（图 4-8-4）。

图 4-8-3　人物制作

图 4-8-4　墙垣制作

四、模型标牌制作

模型标牌是指含有模型说明文字、图案、制作者信息等内容，能对模型起到说明作用的标识牌。模型标牌中通常含有模型的标题、指北针、比例尺、解说词等内容，是模型制作不可或缺的一部分。

制作前应先选好其放置的位置，明确标识内容，确定标牌材料与风格，切忌喧宾夺主。传统园林标牌制作常用方法有即时贴制作法、金属板雕刻法和镭雕激光法。

（一）即时贴制作法

即时贴制作法是在计算机中选好字体、字号与色彩后，使用计算机刻字机在即时贴上刻出内容，然后用转印纸将内容转贴到标牌上。此方法制作简便快捷、成本低廉，是应用最为广泛的方法之一，但由于其成品效果较为低端，适宜在制作课程作业时使用，不适宜制作高档模型的标牌。

（二）金属板雕刻法

金属板雕刻法是以单面金属板为材料，用铜板雕刻机在金属板上雕刻、割除所需文字的金属层，即可制成，其浮雕效果简洁明了。由于金属板材料质感佳，对于一些高档模型的标牌制作，适宜采用此方法，但此方法仅适合制作浮雕标牌。

（三）镭雕激光法

镭雕激光法是以数控技术为基础，激光为加工媒介，使金属材料在激光照射下瞬间熔化或气化，从而达到加工的目的。通常在手机领域应用较多。激光雕刻机可实现镭雕技术，将矢量化图文轻松地"打印"到所加工的基材上。较其他制作方法，镭雕激光法的优点包括精度高、效率高、环保节能，但其制作成本较高，因而应用不太广泛。

第五章　传统园林虚拟模型制作软件

第一节 建模软件

一、AutoCAD

（一）AutoCAD简介

Autodesk Computer Aided Design（简称AutoCAD、CAD）是Autodesk（欧特克）公司开发的计算机辅助设计软件，目前流行于国际上的各大绘图领域，常用于二维绘图、设计文档和基本三维设计。AutoCAD的用户界面比较简洁（图5-1-1），通过菜单交互和命令行等方式即可较为迅速实现目标的操作方式，对于使用者来说非常友好。作为几大基础的计算机辅助设计软件之一，AutoCAD是其中最重要的一款软件。尽管它存在着一定的不足，如建模能力弱、坐标系统不灵活等，但其完善的图形绘制功能、强大的图形编辑能力、较强的图形格式转换和数据交换能力，都为使用者提供了诸多便利，提高了工作效率。而其广泛的适应性，使它得以兼容众多计算机系统与更高一层的计算机辅助设计软件，例如天正软件、湘源控规软件等，并作为主要的二维绘图软件在全球范围内广泛使用。

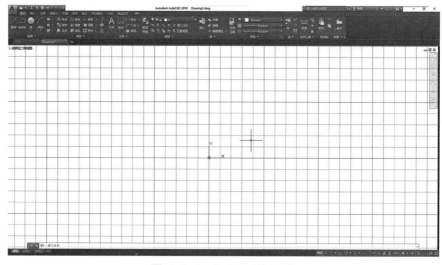

图 5-1-1 AutoCAD 界面

（二）AutoCAD传统园林模型图纸绘制

在虚拟传统园林模型构建的过程中，AutoCAD承担了最为基础且至关重要的图纸绘制工作（图5-1-2）。基于其简便的操作方式、强大的图形处理能力，以及良好的兼容性，AutoCAD 在让使用者可以快速出图的同时，还能与其他软件或设备联动，如将 AutoCAD 文件导入 SketchUp 中进行模型的拉取等。

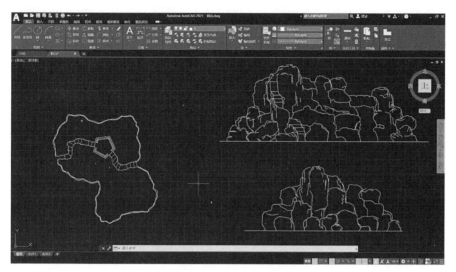

图 5-1-2　AutoCAD 联动界面

二、SketchUp

（一）SketchUp 简介

Google SketchUp（简称 SketchUp、SU），在国内又被称为草图大师，是一款三维建模软件。最初由 Last Software 公司开发，后被 Google 公司收购，目前广泛应用于建筑、城市规划、风景园林等相关领域。区别于其他主流的三维建模软件，SketchUp 集构思设计与绘图建模于一体，可以让设计师在构思的同时对方案进行调整，从而获得直观的反馈，便于方案的推敲。Google 官方将 SketchUp 比作计算机设计的"铅笔"，简单明了地概括了它的特点，即简洁的操作界面、简单的操作方式、直观的显示效果，以及优越的软件兼容性能（图 5-1-3）。相对于 3DS MAX、Revit、Rhino 等三维建模软件，SketchUp 有更好的草图勾画与方案推敲模式，这让它在使用便捷的同时，也使得其模型效果相对粗糙，加之模型数据是基于网格形成的，所以无法构建完全顺滑的曲面，也使得许多细节无法在 SketchUp 中完美展现，故多用于前期的模型推演，在后期的精细模型构建阶段则稍显乏力。

（二）SketchUp 传统园林模型建构

SketchUp 可以通过 AutoCAD 文件导入和直接在软件内使用铅笔或

钢笔等工具勾画两种方式来生成模型的线稿，而后再在线稿的基础上进行模型的推拉。在传统园林模型的构建中，SketchUp 通常是基于导入 AutoCAD 文件来构建相关的模型，主要用途是推敲传统园林建筑及相关构筑物模型（图 5-1-4），在地形、水体与花木营造方面的表现力相较于其他三维建模软件则稍显逊色。

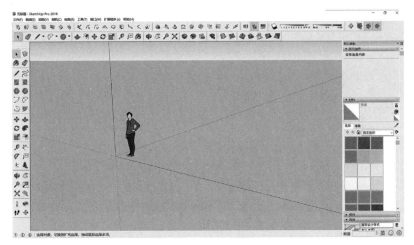

图 5-1-3　SketchUp 界面

图 5-1-4　SketchUp 绘制的传统园林建筑模型

三、3DS MAX

（一）3DS MAX 简介

3D Studio Max（简称 3DS MAX）是 Autodesk 公司开发的三维建模和动画制作软件，目前在建筑设计、工业设计、风景园林设计等专业领域被广泛运用。3DS MAX 的操作界面相对于其他主流三维建模软件来说较为复杂（图 5-1-5），而且它可编辑的对象均为网格物体，大大降低了设计与建模工作流程的完整性与设计思路的连续性，并不适合辅助设计师的创意构思。但其多边形建模的方式，可以进行更自由的造型，故而多用于后期精细方案的展示，并不常用于前期模型的推敲。

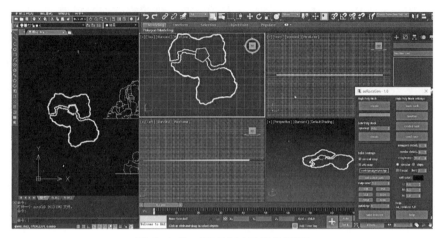

图 5-1-5　3DS MAX 操作界面

（二）3DS MAX 传统园林模型建构

就传统园林建模而言，3DS MAX 的建模方式较 SketchUp 略显逊色。虽也可构建传统园林建筑的三维模型，却不适合连续性地实现构思，但其独特的建模方式为传统园林中叠山置石模型的精细构建提供了可能。通过 3DS MAX 构建的湖石假山（图 5-1-6）与黄石假山等叠山置石的美观与精细度，在目前主流的三维建模软件中是相对较高的。此外，3DS MAX 也可用于构建传统园林中的花木植物模型。

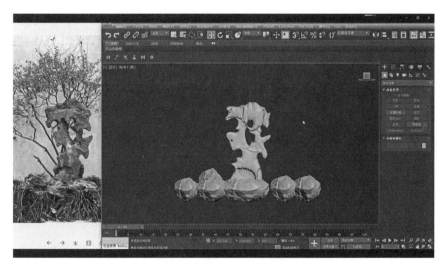

图 5-1-6　3DS MAX 绘制的假山模型

四、Rhino

（一）Rhino 简介

Rhino 是 Robert McNeel 公司开发的专业三维建模软件，目前主要应用于建筑设计、工业设计等领域。Rhino 的操作界面（图 5-1-7）在目前主流的三维建模软件中相对复杂，其 NURBS 建模方式，同 CAD 类似的命令行输入方式，以及同一视图下 2D 与 3D 图形的绘制，可以帮助设计师建立更为精确、复杂且具有弹性的曲面模型。丰富的功能使得 Rhino 的模型更为精确和充满逻辑性，且便于二次编辑修改。Rhino 还有许多插件，最常用的是 Grasshopper，它以其独特的编程方式和清晰的可视化操作，来实现参数化建模。不过，诸多的功能和插件也限制了其模型塑造的自由度，相较于 3DS MAX，Rhino 的建模过程更为严谨且富有逻辑。

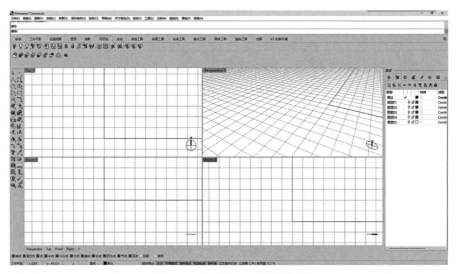

图 5-1-7　Rhino 操作界面

（二）Rhino 传统园林模型建构

因为 Rhino 曲面建模以及插件 Grasshopper 参数化建模的优势，所以多用于制作精细度要求极高的传统园林建筑模型和太湖石等精致复杂的假山模型制作，其精确的曲面建模可以很好地展示太湖石"瘦、皱、透、漏"的特点。但 Rhino 极高的严谨性和逻辑性，也使得其无法进行相对自由的地形和植物花木模型的构建。相较于其他三维建模软件，Rhino 的建模耗时也相对更久。

第二节　渲染和后期软件

一、Mars

（一）Mars 简介

Mars 是由光辉城市基于 UE4 引擎开发的一款 VR 设计软件。它的操作方式简单易学（图 5-2-1），且支持市面上几乎所有的主流建模软件，还可对场景模型进行实时更新。其实时光线追踪技术以及四季与天气的切换效果，也保证了效果图的视觉效果、真实感和多样性。相较于同 Lumion 类似的模型场景渲染功能，Mars 与 VR 设备的结合以及多维度的方案互动功能则更具特色。3D 立体漫游、全景图、全景动画、AR 文本汇报等功能为方案设计与方案展示提供了更多的可能。

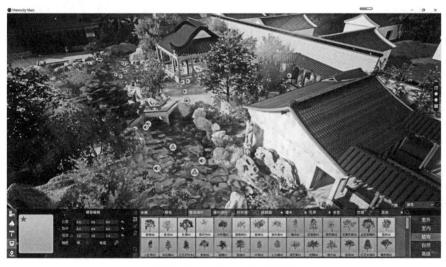

图 5-2-1　Mars 操作界面

（二）Mars 的传统园林模型渲染效果

Mars 的渲染主要包括配景布置、天气系统、光线追踪参数设置和实时反射设置等。通过使用内置上千种资源的配景布置技巧、后期画面模板的使用以及参数控制，可以渲染出预设的画面效果，例如黄昏、晴雨场景等（图 5-2-2）。对于传统园林景观的渲染，Mars 可通过"春生、夏长、秋收、冬藏"的季节特点，着重表达动态素材，配合传统园林建筑特有贴图材质、传统园林特色植物素材及植物风动开关，在色调搭配和季节效果上，对其进行效果渲染和表达（图5-2-3）。

图 5-2-2　Mars 天气调节界面

图 5-2-3　Mars 植物素材界面

（三）Mars 的传统园林模型成果输出

Mars 致力于将 VR、AR、MR、AI 等技术应用在成果输出和模型展示中，包括 PC 动态实时展示、全景视频展示、VR 交互式展示、AR 展示等。与传统静态渲染软件和效果图展示输出相比，Mars 的优势主要包括空间尺度实时推敲、光影效果展现、声音视野营造、智能路径检测、超时间推移、多模型对比等。另外，Mars 带来的真实三维空间体验和对模型的全方位展示，是其他软件目前无法做到的。

二、Lumion

（一）Lumion 简介

Lumion 是由 Act-3D 研发的一款建筑可视化软件，目前广泛地应用于建筑、规划、风景园林等众多领域，主要用于后期渲染与动画制作。作为建筑相关领域出现较早的渲染软件，Lumion 使得人们能够直接在计算机上进行虚拟现实场景的构建，其强大的渲染功能、自由的元素置入与修改以及高质量的图像输出功能，大大提高了设计师的工作效率。Lumion 具有优秀的软件兼容性，可以将 SketchUp 或 3DS MAX 等三维建模软件的模型导入其中，并赋予或修改材质贴图。丰富的内容库、多样的动画效果，以及简单的操作（图 5-2-4），也方便了效果图的输出和动画的制作。

图 5-2-4　Lumion 操作界面

（二）Lumion 渲染效果展示

相较于现代建筑与景观，Lumion 对于传统园林模型场景渲染的真实感偏弱，但其多样的植物库和材质库，以及多种天气与季节的特效，仍然保证了传统园林模型渲染效果的丰富性与高质量。除了用于渲染输出传统园林场景模型的效果图，Lumion 也可以用来制作传统园林场景模型的漫游动画。但相较于近年新兴的 Mars 来说，Lumion 在与其他设备如 VR、AR 等进行联动方面表现较弱，更多的功能仅限于图片与视频的输出。

三、VRay

（一）VRay 简介

VRay 是由 Chaos Group 和 ASGVIS 公司出品的一款高质量渲染软件。作为业界比较受欢迎的渲染引擎，VRay 作为内核被应用开发了如 VRay for 3DS MAX、SketchUp、Rhino 等诸多版本，为多款不同的三维建模软件提供了高质量的图片和动画渲染。VRay 为使用者提供了许多可调节的指标和参数，如光影追踪、反射和折射、间接照明系统、运动模糊，等等（图 5-2-5）。但如此多的指标与参数也使得 VRay 的渲染步骤十分烦琐与复杂，往往需要反复的调整并测试，才能达到真实景物的效果，其便捷性远远逊色于 Lumion、Mars 等实时渲染软件。

图 5-2-5　VRay 参数设置界面

（二）VRay 的渲染效果

在传统园林模型渲染方面，VRay 常常作为 SketchUp 和 Rhino 等三维建模软件的插件，在模型构建完成之后，进行指标和参数的设置，在软件内直接完成模型的渲染，这样的做法便于模型的实时调整与修改，当然所耗时间也较长。在渲染完成后，再将图片导入 Photoshop 等图形处理软件中，进行后期的处理、调整和完善。

四、Photoshop

（一）Photoshop 简介

Adobe Photoshop（简称 Photoshop、PS）是由 Adobe Systems 开发的图像处理软件，目前广泛地应用于视觉创意、建筑设计、风景园林设计等相关领域。Photoshop 主要用于处理由像素构成的数字图像，其相对简洁易懂的操作界面（如图 5-2-6），结合丰富且各具特色的色彩、图形调节和绘图工具，可有效地实现对图像的编辑和处理加工。夸张地说，Photoshop 可以化腐朽为神奇，甚至"改天换日"。其强大的图像处理和绘图功能，使得 Photoshop 在设计的后期工作中扮演着重要的角色，比如对于一些不便添加植物的三维建模软件，在导出场景图片后，就可以在 Photoshop 中进行花木素材的添加。此外，一些渲染软件的天气与季节变换效果，在 Photoshop 中也可通过绘图及色彩调节等工具来实现。

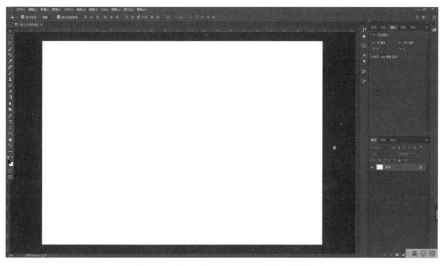

图 5-2-6　Photoshop 操作界面

（二）Photoshop 的传统园林模型后期处理效果

基于 Photoshop 强大且多样的功能，针对传统园林模型的后期处理方式可谓极其丰富。由 CAD 导入 Photoshop 的传统园林模型平面图线稿，通过绘图与调节等工具，可绘制出视觉效果极佳的传统园林平面图。从 SU、3DS MAX 或是 Rhino 中导入 Photoshop 的模型场景图片，经过色彩调节处理等工具，以及一些特效的巧妙使用，亦可得到表现极佳的效果图等。

第六章　传统园林虚拟模型制作流程和技巧

第一节　整体流程

一、软件的选择

传统园林虚拟模型的制作与手工模型不同，主要是通过软件进行搭建和表达，从图纸绘制到模型构建，再到后期渲染，需要选择不同的软件协同合作，才能达到令人满意的效果。其绘制流程主要可归纳为三个阶段：前期的设计放线阶段，主要使用 CAD 准确绘制图纸并进行整理；中期的建模塑形阶段，构建前期设计的园林建筑主体和院落空间，主要使用 SketchUp、3DS MAX 进行建筑、假山等三维模型绘制；后期的渲染处理阶段，主要使用 Mars、PS 等插入素材，并调整模型整体风格。

二、数据的导入和输出

为了使设计好的传统园林在建模与后期处理的过程中更加精准，我们使用 CAD 对平面进行绘制与整理，处理好的 CAD 文件可以导入 SU 中辅助三维模型的搭建，搭建好的 SU 文件可以导入 Mars 进行渲染处理，Mars 实时渲染后的模型可输出成高分辨率的不同图层图片再进行修饰处理。整体数据的导入和输出，都可以按照预设的流程进行。

三、素材库的建立

由于一些后期使用到的传统建筑构件本身种类丰富、花纹多样、装饰性强，且可以重复使用，因此，在绘制建筑模型前可以先行积累和创建构件素材库，并对素材库中的模型进行一定的分类和完善，便于后续建模的快速提取与搭建，同时建议不断积累并丰富素材库。素材库主要来源是按照 CAD 提前绘制好的构件，以及通过网络等渠道合法获取的素材，并且需要不断补充构件模型、花纹样式、装折配件等。素材库的内容以装饰性构件为主，主要包括脊头、脊兽、滴水、花边，以及盖瓦和建筑内外装折中的挂落、长窗、半窗、落地罩、美人靠等构件，有条件的也可以逐步增加一些诸如牌科、椽子、柱础等结构性构件。

四、建模

利用导入的数据进行虚拟模型的三维绘制，主要包括地形模型、建筑模型、水体模型与假山置石模型等。其中建筑模型的绘制较为烦琐，不同类型的建筑，诸如厅、堂、房、轩、亭、廊等，因其特点的不同，构建时的要点难点也不同。此外，假山置石模型的绘制也较为复杂，相对于建筑模型制作的"有法有式"，假山的设计与绘制则是"有法无式"，在3DS MAX模型绘制中，需要绘制石块本身的造型以及假山整体的形态，通过多视角观察，不断修改与调整，以确保最终的效果。

五、渲染和后期

完成全部传统园林虚拟模型的构建之后，需要将模型导入Mars等渲染软件进行渲染，来实时表达环境关系与图面效果。该阶段任务主要包括材质的更换调节、配景的布置安排、天气系统的自然要素调整，以及整体后期画面参数的调试，并将参数和渲染场景保存，作为后期出图的依据。

六、静态和动态模型展示

静态模型主要通过后期渲染再出图，经过PS加工处理后的图面，可以通过特定观景视角，来展示传统园林虚拟模型中美好的景观内容。静态模型展示的主要内容是特定视角下传统园林模型的内容，包括鸟瞰图、外景效果图、内景效果图等。其中效果图一般表现局部空间，而鸟瞰图则以整体的传统园林空间结构与布局为对象，体现的是一个整体的园林形态，包含的内容与信息更为丰富。

动态模型使用连续的视频内容为视角，借助虚拟漫游形式，着重于观赏主体在园林内部的体验以及对园林风景的感知。动态模型相较于静态模型展示的要素、内容更多，获得的是沉浸式体验、尺度感体会以及细节感知。

第二节　地形制作

地形是构成园林景观的骨架，是园林中所有景观元素与设施的载体。地形处理得好坏直接影响园林空间的美学特征、布局方式、景观效果等。虚拟模型的园林地形构建可分为陆地和水体两部分，下面主要探讨用 SketchUp 绘制自然地形、园林水景的方法和思路。

一、绘制陆地地形

首先制作的是场地地形，相当于模型的底盘和基础，我们建模的参考资料就是场地的 CAD 文件。绘制整体地形模型的过程并不复杂，但需要提前整理建模思路。在整体地形的建模中，第一步要考虑与周边环境的关系。第二步，确定一个基准面，即 SU 中 X 轴和 Y 轴形成的平面，接着了解整体模型的大致高程，特别要注意设计里的观景制高点。在 SU 中对高程不同的区域按照设计好的数值使用推拉工具进行构建，构筑物较高，自然空间较低，假山和林荫空间的高低起伏也要根据设计进行构建。构建完成后要再次进行校准，确保后续建模的准确性。

二、绘制水体地形

中国园林有"无水不成园"之说，在构成园林景观时，平静的水面是各种园林景物的底色，可以搭配园内其他景观元素构成丰富的画面。园林理水有动态和静态之分，在只有静态的湖、塘形式水体的园林设计中，绘制高差过程较为简单，更重要的是后期对水面效果的渲染。

在 SU 中对水面体块按照设计好的数值进行构建，绘制时要注意驳岸形式的变化。为了与驳岸置石的形态搭接更加自然多变，水体绘制时也要有相应的变化。

在后期渲染过程中，可以运用计算机辅助设计技术模拟表现水景的各种变化。对于设计中的静态水体，多是表现水边景物的倒影或是水的透明感，需要考虑的是如何表现水的特性，可以运用静水的倒影效果，将天空、云雾、树木、亭台、山石等以倒影的方式在水中表现出来，使园景变得宽广而深远。

第三节 建筑制作

园林中单体建筑的类型和使用功能各有不同，古人常用"堂以宴、亭以憩、阁以眺、廊以吟"概言之。在绘制建筑时可根据功能、用途以及各自构架特点大致分为三类：实用性园林建筑、点景性园林建筑和联系性园林建筑。这些建筑既承担实用建筑的职能，又能自成景点，但也各有差异。它们具有独特建构性，本身专有的构件也多且复杂，在虚拟模型制作中，要根据各类建筑不同的结构类型、构架特征、翼角结构、屋面构造、构件装配等进行不同的绘制。绘制传统建筑虚拟模型的过程，其实也是对古建知识一次由内而外详细的学习和理解的过程，是在虚拟环境下对传统建筑营建的模拟。

首先，我们需要了解传统建筑中的"间"，是指相邻两榀梁柱构架之间的空间，是一个三维的整体空间概念。单体建筑中常以"间""架"来描述建筑的规模以及柱网构架关系。同时，开间与进深存在一定的关系，影响着建筑的立柱布局。在 SU 的建模体系内，用三根有颜色的绘图坐标轴来表达空间的形式，"间"可通过 X、Y、Z 轴具体的数值构建来表现。

同时，建筑的开间依据其位置的不同有特定的称谓，主要分为明间、次间、稍间和尽间。开间的尺寸多有差别，通常明间最大，次间、稍间次之，尽间最小。单体建筑多为奇数间，建筑开间数量的多寡显示了建筑的等级与规格。在 SU 绘制建筑的过程中，应该按照相应数值构建不同的基本开间。

在了解传统建筑的基本知识后，我们可以根据传统园林中不同类型建筑的大木构架，进行不同体量和不同特征的建筑搭建，选取最具代表性的堂、房、榭、轩、亭、廊等作为建模依据。

附：堂虚拟模型
制作视频教程

一、厅堂：以清漪堂为例

实用性园林建筑是指园林中承担园内主体活动的各类场所，虽然这类建筑也兼具游览观景和点景的作用，但更重要的是它们担负了明确、具体的实用功能，如居住、办公、读书、会客、展示、储藏等。

堂者，有"当"的意思，即位于居中的位置，为当正向阳之屋，常作为待客、处理事务、宴请的活动场所。清漪堂作为主要建筑，是园林内等级最高、体量最大的建筑，采用了木构架结构方式，整体面阔五开间，四周环廊。清漪堂模型大致由台基、屋身、屋顶三个部分组合而成。绘制模型与建造顺序一样自下而上，其中大木构架的搭建最为重要。上部的建筑屋顶与建筑的戗角构造的绘制较为复杂，而下部的台基部分较为简单。

（一）堂的大木构架

1. 整体情况

清漪堂属于典型的江南传统建筑，以大木构架作为承重结构，墙体只是围护部分，承担着分隔内外空间的作用。其形式、体量大小、间数分割都与大木构架密切相关，在建模之前，需要对清漪堂的大木构架进行分解、整理、了解。大木构架的建造顺序大致就是我们制作虚拟模型的顺序，参照其木构架建造顺序，可以使虚拟模型制作更为准确、便捷。

清漪堂是扁作屋架，其大木构架为抬梁式。抬梁式构架又称叠梁式构架，以垂直木柱为房屋的基本支撑，木柱顶端沿着房屋进深方向架起数层叠架的木梁。在柱子上放梁、梁上放短柱、短柱上放短梁，层层叠加直至屋脊，各个梁头上再架桁以承托屋椽，这就是抬梁式木构架的基本结构（图6-3-1）。简单来说，抬梁式木构架的绘制是纵向和横向构件层层搭接递进的。

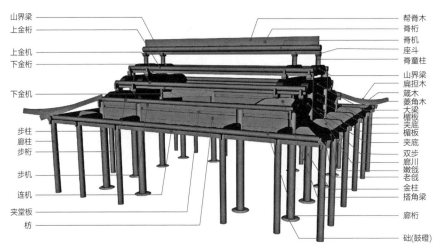

图 6-3-1 清漪堂的大木构架

2. 绘制顺序

（1）首先绘制的是下层部分。柱是直立的支撑上部荷载的构件，由于所处位置不同，各有专用的名词。首先绘制的柱有廊柱、步柱和金柱，这三类柱体一般下端通过础连接台基，上端与梁架连接。接着绘制的是搭接在廊柱之上、进深方向承重且起连接作用的构件，称为廊川；同时绘制在开间方向起同样作用的构件，称为廊桁和连机。

（2）第二步绘制大木构架的中下层部分。搭接在步柱之上进深方向承重且起连接作用的构件称为大梁，清漪堂还有架于步柱和步桁之间的搭角梁。清漪堂因为进深跨度较大，将大梁设置在了搭角梁上，形成比较独特的梁架关系。搭接于步柱之上在开间方向起同样作用的构件，称为步桁与步机。桁是直接承受屋面荷载的构件，并将荷载传导至梁和柱。

（3）接着绘制的是中上层部分。搭接在金柱之上进深方向承重且起连接作用的构件称为山界梁，在开间方向起同样作用的构件称为金桁与金机，在扁作梁架里，替代梁上短柱的是座斗。

（4）最后绘制整个大木构架上层部分，直立于山界梁之上的脊童柱与座斗，搭接于座斗之上在开间方向起承重和连接作用的构件为脊桁与脊机。置于脊桁之上的是帮脊木。

（二）绘制堂的主体结构

1. 台基

清漪堂的台基是建筑的底座，用以承托建筑物并传导上部荷载至土基，且能防潮防腐，有利于基座的稳固。台基主要由台明、台阶、月台和栏杆四部分组成。台阶、月台、栏杆都是台基的附件，并非台基所必有，清漪堂的台基主要包括台明、台阶和月台三部分。

台明是台基的主体部分，台基露出地面的部分称为台明，从形式上分为普通式和须弥座两大类。清漪堂采用的是普通式台明。使用软件的推拉工具，绘制台明的高度后创建群组即可。

台阶又称踏步，是上下台基的阶梯。使用推拉工具绘制不同高度的台阶，高度均为150mm，形成踏步体块即可（图6-3-2）。

月台又称露台或者平台，它是台明的扩大和延伸，有拓展建筑前方活动空间的作用。清漪堂的月台也提供了建筑前的观景空间，其绘制较为简单。使用推拉工具，绘制月台的高度后创建群组（图6-3-3）。

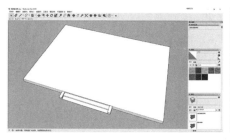
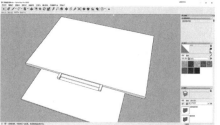

图6-3-2　清漪堂的台明和台阶　　　　　图6-3-3　清漪堂的月台

2. 立柱

为防水防潮，在立柱与台基间往往建有柱础（图6-3-4），在绘制柱础时先使用圆工具绘制圆形，选取圆形后使用偏移工具向内偏移规定距离，使用推拉工具向上推拉础高距离，使用直线工具连接各角点，将多余的面和线删除，最后选中整个础创建群组并柔化。其余础按同样办法绘制，同规格的也可直接复制。制作时要注意础本身的尺寸，以及其与相应立柱中线的对应衔接，确保建模的准确。

清漪堂的柱体是建筑中垂直地面方向的结构件，承托其上方整个梁架和屋面的荷载，是建筑的承重部分。绘制立柱模型需精准，使用推拉工具绘制柱体，包括所有立于地面的柱，如步柱、廊柱、金柱等，并将其置于平面台基上相应的位置（图6-3-5）。

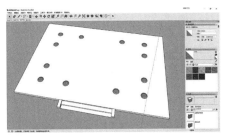

图 6-3-4　清漪堂的柱础布局

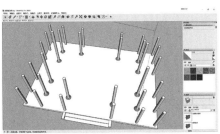
图 6-3-5　清漪堂的立柱布局

3. 梁架

清漪堂梁架跨度大，屋顶部分的重量主要由梁、桁、柱承担，再传给基、础。在绘制过程中要按照前面的大木构架顺序绘制。廊桁、步桁、金桁的绘制需要用圆工具绘制圆形，使用推拉工具并输入数值，最后创建群组形成柱体后搭接。绘制廊川、大梁、搭角梁、山界梁时需要导入对应CAD文件后炸开模型，使用推拉工具对各部分厚度进行绘制，旋转后使用移动工具进行搭接。绘制座斗需要使用直线工具绘制形状，再使用推拉工具进行厚度绘制，最后创建组件即可。绘制梁架结构时要注意构件之间的位置关系，以及两者之间的搭接方式，搭接时可先使用卷尺工具拉出辅助线（图6-3-6～图6-3-9）。同一构件无需重复绘制，只需复制到相应搭接位置即可。

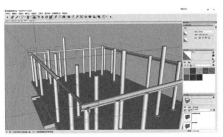
图 6-3-6　清漪堂的廊桁

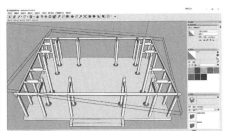
图 6-3-7　清漪堂的廊川

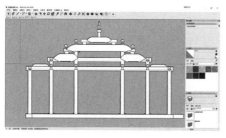 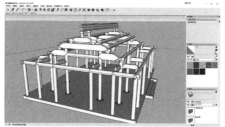

图 6-3-8　清漪堂的抬梁式结构　　　　　图 6-3-9　清漪堂大木构架

（三）绘制堂的翼角

翼角是建筑屋顶中相邻两坡屋面的转角部分，因形似羽翼，所以称之为翼角。清漪堂的翼角构造为江南传统园林较为常见的嫩戗发戗形态。因形状飘逸灵动，所以绘制翼角的过程较为复杂。

首先在立柱上按照原有的尺寸角度用直线工具绘制戗角的路径，使用形状工具绘制矩形后旋转，使用路径跟随工具画出老戗体块，用同样的办法画出嫩戗体块（图 6-3-10），使用圆工具绘制出一个圆与老戗、嫩戗相交，构建出扁担木、菱角木、箴木后（图 6-3-11）用直线封面，最后创建群组并进行构件之间的精确搭接，完成一个后进行复制，旋转角度同样方式与梁架搭接。

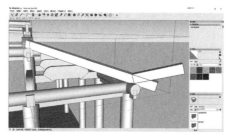 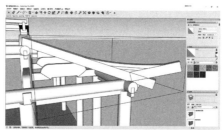

图 6-3-10　老戗和嫩戗　　　　　图 6-3-11　扁担木和菱角木

接着由上而下布置头停椽、花架椽、出檐椽、摔网椽、立脚飞椽。花架椽的绘制需要用直线工具绘制矩形并输入数值，旋转矩形后，使用直线画出屋面的路径，使用路径跟随工具绘制出单个花架椽体块，选中椽体创建群组，并进行多次等距复制（Ctrl ＋ M）。用同样的方法绘制出批量的出檐椽。需要注意的是每根摔网椽和立脚飞椽的尺寸都有差异，需要逐根绘制。使用旋转调整角度，使花架椽、出檐椽和立脚飞椽流畅衔接。这里要注意椽本身的尺寸以及头停椽与花架椽之间不是直线衔接（图 6-3-12），而是依据举架规格形成了具有一定折角的衔接面，同时摔网椽和立脚飞椽旋转的角度要符合相应的尺寸要求（图 6-3-13），旋转之后同样是有角度的平缓衔接。这一步较复杂，需要较长时间。

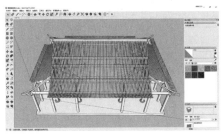
图 6-3-12 头停椽、花架椽和出檐椽

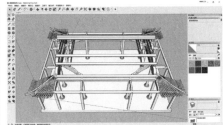
图 6-3-13 摔网椽

（四）绘制堂的屋顶类型和构造

清漪堂的屋顶是歇山式（图 6-3-14），又称九脊顶，屋顶由前后及两侧四坡与两侧的山花面组成。屋顶转角处的起翘和出檐不仅有利于排水，还具有视觉矫正的作用，使房屋视觉上稳定、轻盈，线条流畅、飘逸。屋顶本身具有的流线特征，使得绘制过程较为烦琐。

在绘制过程中，首先要铺设望板（望砖）与瓦口板（图 6-3-15），这一步与椽的绘制类似，使用形状绘制出矩形后旋转，使用路径跟随绘制出部分望板，并创建群组，依次绘制出其他部分望板，并旋转调节，对部分望板复制旋转，绘制出完整的望板，最后创建群组。各个构件之间的衔接需要与椽对应。

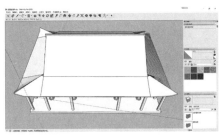
图 6-3-14 望板绘制

图 6-3-15 清漪堂的望板

根据立柱布局确定赶宕脊和博风的位置，根据抬梁式结构确定正脊的高度，结合梁架的提栈，计算并确定屋面的倾斜角度，依据屋面角度布置排山以及底瓦、盖瓦，排布可使用移动工具和旋转工具，角度要顺应望板的走向，每个盖瓦是错落衔接的，盖瓦与底瓦可以批量复制处理，更为快捷（图 6-3-16～图 6-3-18）。这里要注意底瓦与盖瓦的衔接是具有一定折叠度的衔接，而非直接衔接。

除此之外，因脊头、脊兽以及滴水瓦、花边瓦本身的花纹种类繁多，在绘制屋顶模型时，可以在素材库中选择合适的素材，直接进行批量搭接，需要注意素材的数量和尺寸要符合模型本身的大小和要求（图 6-3-19）。

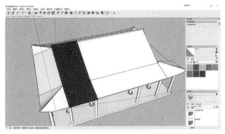

图 6-3-16　盖瓦与底瓦

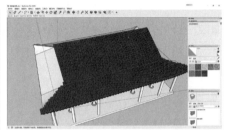

图 6-3-17　瓦的批量绘制

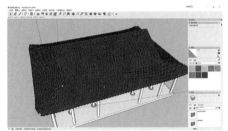

图 6-3-18　清漪堂的屋顶

图 6-3-19　脊头和脊兽

（五）绘制堂的装折

长窗，也称为落地长窗，清漪堂立面通透以收纳景致，所以使用窗格大面积镂空的长窗。由于长窗本身的造型精美且花纹多样，在绘制清漪堂模型时，可以选择素材库中纹样匹配的长窗素材直接使用（图 6-3-20、图 6-3-21），注意长窗的数量和尺寸要与开间相匹配。

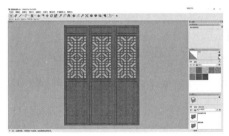

图 6-3-20　长窗

图 6-3-21　长窗的搭接

挂落，是设置在梁枋下的装饰性构件，衔接立柱与梁枋。一般挂落有两种形式，或是柱间通长的挂落，或只是占据梁柱间的一角。按照清漪堂的实际情况，选用通长的挂落，既可以实时绘制，也可以在素材库中选择样式匹配与尺寸合适的挂落置入（图 6-3-22）。

石座栏，在建筑中除了起到护栏的作用，还可与园中的景致交相辉映，起到很好的装饰作用。绘制时使用直线工具画出矩形并输入数值，对矩形进行偏移，删除中间的面，使用推拉工具绘制其余的面。选中体块并创建组件，进行多次等距复制，并将整体创建成群组（图 6-3-23）。这里可以根据实体建筑的情况，把控廊柱之间石座栏的数量。

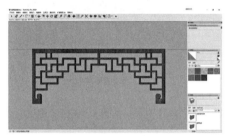

图 6-3-22　挂落

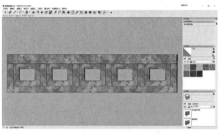

图 6-3-23　石座栏

二、房：以潇湘馆为例

房与厅堂同属于实用性园林建筑，房者，防也，有所隐蔽而分内外，以为就寝之用。房作为次要建筑，是园内封闭度较高，体量较小的建筑，一般面阔三开间，采用抬梁式木构架形式，其模型大致由台基、屋身、屋顶三个部分组合而成。以潇湘馆为例，因是硬山顶建筑，其下部的台基部分较为简单，而上部的屋顶和中部的屋身，也因为建筑体量相对较小，且没有翼角等复杂结构，因而整体绘制较清漪堂要简单。

（一）房的大木构架

1.整体情况

房是圆作屋架，其木构架为抬梁式，木柱、梁、架为房屋的基本支撑，木柱顶端沿着房屋进深方向架起数层叠架的木梁。与清漪堂的扁作屋架相比，其圆作屋架较为简洁，装饰简单，屋架中不设牌科、坐斗，而是以童柱代之（图 6-3-24）。

2.绘制顺序

（1）首先绘制的是下层部分。房的柱是直立支撑上部荷载的构件，此处为步柱，步柱下端通过柱础连接台基，上端连系梁桁等其他构件。步柱绘制完成后，绘制的是搭接在步柱之上，在进深方向承重且起连接作用的构件——大梁。

（2）然后绘制的是中层部分。包括搭接在大梁之上的步桁与连机，是在开间方向起承重和连接作用的构件，以及直立于大梁上起承重作用的短柱——金童柱。

（3）最后绘制的是上层部分。包括搭接在金童柱之上、进深方向承重且起连接作用的构件——山界梁，在开间方向起同样作用的构件金桁与金机，搭接在山界梁中间起垂直承重作用的构件脊童柱，以及搭接在脊童柱之上的帮脊木、脊桁、脊机，这些构件在开间方向起到拉结的作用。

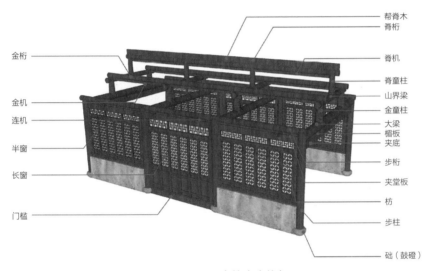

图6-3-24 房的大木构架

（二）绘制房的基本步骤

1. 台基

房的台基同样是建筑的底座，与堂不同的是，房的台基构造更为简单，只包括地坪和台阶（图6-3-25）。台阶是连接室内外地面与地坪的联系，使用推拉工具绘制台阶，高度为150mm，形成踏步体块即可。

2. 立柱

为防水防潮，在立柱与台基间会有柱础。在绘制柱础时，先使用圆工具绘制圆形，选取圆形后使用偏移工具向内偏移规定距离，使用推拉工具向上推拉规定距离，使用直线工具连接各角点，将多余的面和线删除，最后选中整个础，进行创建群组并柔化。其余础按同样办法绘制，同规格的也可直接复制。绘制时要注意础本身的尺寸，以及与相应立柱中线的对应衔接，以确保建模的准确。

房的柱网是按建筑面宽、进深规格布置的，柱是整个建筑的垂直承重构件，承托其上方所有的荷载。绘制步柱时使用推拉工具绘制柱体，并将其置于平面上相应的位置（图 6-3-26）。

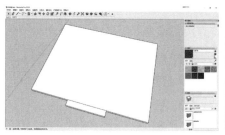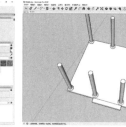

图 6-3-25 房的台基   图 6-3-26 房的立柱布局

3. 梁架

房的圆作梁架结构不算复杂，在 SketchUp 绘制过程中，要按照大木构架的建造顺序绘制，除了要注意准确绘制构件之外，还需注意不同构件之间的搭接。步桁、金桁的绘制需要用圆工具绘制圆形，使用推拉工具并输入数值，最后创建群组，并在形成柱体后搭接。绘制大梁、山界梁使用同样的办法。由于金童柱柱体上下不等宽，可使偏移工具偏移圆形后连接柱体，形成体块。除了绘制构件之外，还要注意构件之间的位置关系和搭接方式，操作时可使用卷尺工具拉出辅助线后再搭接（图 6-3-27、图 6-3-28）。

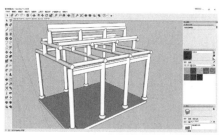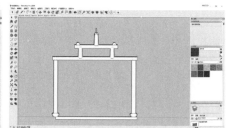

图 6-3-27 房的大梁结构   图 6-3-28 房的大梁搭接

4. 围护构件

绘制完房的梁架结构后，需要绘制建筑的围合体，主要包括山墙和半墙。位于房屋两端、沿进深方向依边而筑的墙，称为山墙。绘制山墙时需要导入山墙的 CAD 文件并炸开模型，使用推拉工具进行厚度绘制（图 6-3-29）。

在房的次间，两柱之间安装有半窗，窗下的矮墙称半墙。绘制半墙时使用推拉工具进行高度绘制后创建群组（图 6-3-30）。

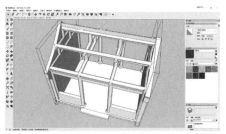
图 6-3-29 房的山墙

图 6-3-30 房的半墙

（三）绘制房的屋顶类型和构造

房的屋顶类型一般是硬山顶，硬山建筑屋面仅有前后两坡，左右两侧山墙与屋面相交。硬山建筑是传统建筑中等级较低的形式，相较于清漪堂复杂的歇山式屋顶，硬山建筑的屋顶在 SU 中绘制起来要简单快速得多。

首先绘制椽，头停椽的绘制需要用直线工具绘制矩形并输入数值，旋转矩形后，使用直线画出屋面的路径，使用路径跟随工具绘制出单个头停椽体块，选中椽并创建群组（图 6-3-31），多次等距复制以完成头停椽的绘制。使用同样的方法绘制出花架椽、出檐椽（图 6-3-32）。使用旋转调整角度，使花架椽、出檐椽和头停椽衔接顺畅。

图 6-3-31 房的椽

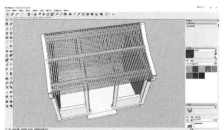
图 6-3-32 房的椽排布

接着在椽上铺设望板，这一步也较为简单，用形状绘制矩形后旋转，使用路径跟随绘制出一块望板并创建群组，复制后旋转调节，绘制出完整望板，最后创建群组。望板之间的衔接也需要与椽相对应（图 6-3-33）。

除此之外，还需绘制盖瓦、底瓦、滴水、花边等，这些瓦本身的花纹种类繁多，在绘制屋顶模型时，可以在模型库中选择合适的素材，直接置入使用（图 6-3-34）。

最后在望板上制作脊，以砖细纹头脊为例，使用矩形绘制脊的切面后用路径跟随形成体块，在脊的两端使用同样方法绘制砖细纹头并置入。

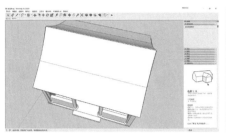 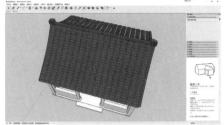

图 6-3-33　房的望板　　　　　　　　图 6-3-34　房的屋顶

（四）绘制房的装折

长窗，也称为落地长窗，在房中主要承担"门"的功能。由于长窗本身的花纹繁杂且种类繁多，在绘制房模型时，可以直接绘制，也可以在模型库中选择合适的长窗素材直接使用（图 6-3-35）。

半窗，即安装于半墙之上的窗，在房的设施中主要承担"窗"的功能，同长窗一样，可以在模型库中选择与实际情况匹配的素材直接使用，还需确定数量和尺寸（图 6-3-36）。

附：榭虚拟模型
制作视频教程

图 6-3-35　房的长窗　　　　　　　　图 6-3-36　房的半窗

三、榭：以湖光榭为例

榭也属于实用型园林建筑，主要用于凭栏休憩和驻足观赏水景，所以榭以开敞为主，通常没有实体墙，而是以窗围合，整体风格轻巧开放。这里以湖光榭为例进行绘制。

湖光榭的体量相较于清漪堂来说较小，四周柱间设美人靠，临水一面特别开敞。内圈以漏窗粉墙和圆洞落地罩加以分隔，外围形成回廊样式，四周立面开敞。在整个园林中，湖光榭作为次要建筑，整体面阔三开间，采用大木构架结构，其模型由台基、屋身、屋顶三个部位组合而成。其中下部的台基部分较为简单，中部的大木构架与上部建筑屋顶的绘制与清漪堂的绘制类似，较硬山建筑复杂。

（一）榭的大木构架

1. 整体情况

湖光榭是圆作屋架，其木结构为抬梁式，立柱是榭的基本支撑，木柱顶端沿着房屋进深方向架起数层叠架的木梁，两组构架构成一间。与清漪堂的扁作屋架相比，圆作屋架结构较为简单（图 6-3-37）。

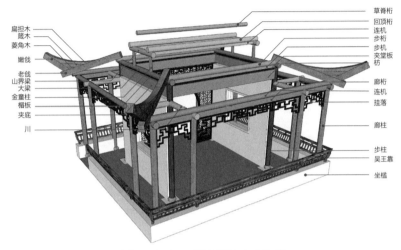

图 6-3-37　湖光榭的大木构架

2. 绘制顺序

（1）首先绘制的是下层部分，即直立地面的柱，用来支撑上部荷载。湖光榭中首先绘制的柱包括廊柱和步柱。其次绘制的是搭接在廊柱之上，进深方向起承重和连接作用的构件——川；同时绘制在开间方向起同样作用的构件，廊桁和连机。

（2）其后绘制的是中层部分，搭接在步柱之上进深方向起承重和连接作用的构件——大梁。搭接于大梁之上在开间方向起同样作用的构件，称为步桁与步机。

（3）接着绘制的是上层部分，搭接于大梁之上的金童柱，也是承重构件。搭接于金童柱之上在进深方向起承重和连接作用的构件，称为山界梁。搭接于山界梁之上在开间方向起同样作用的构件，有回顶桁与连机，其上还有内屋架里看不见的草脊桁。

（二）绘制榭的基本步骤

1. 台基

榭的台基同样是建筑的底座，与房类似，榭的台基构造也较为简单，只包括地坪和台阶。台阶是连接室外地面与室内地坪的阶梯，使用推拉工具绘制台阶，高度通常定为 150mm，形成踏步体块即可（图 6-3-38）。

2. 立柱

在立柱与台基间通常设有柱础，绘制柱础时步骤与前面相同，要注意础本身的尺寸，与相应立柱中线的对应衔接，确保建模的准确。

湖光榭是木结构承重建筑，以木柱为建筑中的垂直结构件，承托其上方梁架、屋顶等的荷载，此步骤需绘制不同尺寸的步柱、廊柱，并将其置于平面上相对应的位置（图 6-3-39）。

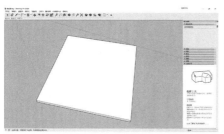 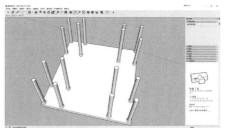

图 6-3-38　湖光榭的台基　　　　　　图 6-3-39　湖光榭的柱与础

3. 梁架

湖光榭大木构架为圆作，形式灵活且不复杂，在绘制过程中建议按照大木构架的搭建顺序绘制（图 6-3-40）。与之前过程类似，垂直构件与横向构件的绘制大多使用圆形工具与推拉工具完成。其中搭接最为重要与关键，可以使用绘图工具具体测量后再搭接（图 6-3-41）。

图 6-3-40　湖光榭的大木构架　　　　图 6-3-41　湖光榭的大梁搭接

（三）绘制榭的翼角构造

湖光榭的屋角采用嫩戗发戗构造，形成反翘出戗式样，使屋檐两端翘出较明显，形成展翅欲飞的趋势，形状飘逸灵动，绘制翼角的过程与清漪堂类似。

首先在立柱柱头上按照实际的尺寸和角度用直线工具绘制戗角的路径，使用形状工具绘制矩形后旋转，使用路径跟随工具画出老戗体块，用同样的办法画出嫩戗体块（图6-3-42），使用圆工具绘制出一个圆与老戗、嫩戗相交，绘制出扁担木、菱角木、箴木后用直线封面，最后创建群组并进行构件之间的精确搭接，这里以其中一角为例，绘制好一个后复制并旋转，以获得其他几个翼角（图6-3-43）。

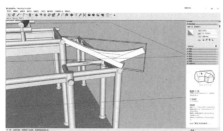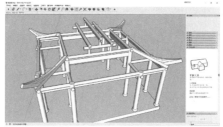

图6-3-42　老戗和嫩戗　　　　　　　　图6-3-43　戗角

大木构架主体完成后，可由上而下布置回顶椽、头停椽、花架椽、出檐椽、摔网椽、立脚飞椽，选中椽并创建群组，进行多次等距复制。用同样的方法批量绘制出其他椽。这里要注意椽本身的尺寸以及椽与椽之间不是直线衔接（图6-3-44），而是依据提栈的计算，形成具有一定平缓角度的面。同时还需清楚摔网椽和立脚飞椽旋转的角度，要符合相应的尺寸要求（图6-3-45），旋转之后同样是有角度的平缓衔接。这一步与清漪堂类似，熟练掌握后，绘制就不需要太长时间。

图6-3-44　湖光榭的椽　　　　　　　　图6-3-45　湖光榭的椽排布

（四）绘制榭的屋顶类型和构造

湖光榭的屋顶采用的是回顶歇山式，绘制过程与清漪堂类似。在绘制过程中首先要铺设望板与瓦口板（图6-3-46），这一步与椽的绘制类似，需要对构件进行旋转，各个构件之间的衔接也需要与椽对应。

接着确定屋面的倾斜角度，根据角度布置排山以及底瓦和盖瓦，铺设瓦的方法与清漪堂相同，可快速绘制（图6-3-47～图6-3-49）。除此之外，类似脊头、脊兽、滴水、花边等纹样精美、种类繁多的配件，在绘制屋顶模型时，可以考虑在模型库中选择合适的素材直接搭接使用，选择时，需要注意素材的数量和尺寸要符合模型的要求。

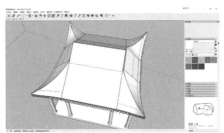

图 6-3-46　湖光榭的望板

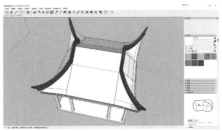

图 6-3-47　湖光榭的戗脊

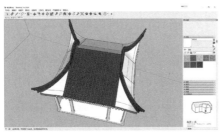

图 6-3-48　湖光榭的瓦

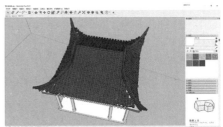

图 6-3-49　湖光榭的屋顶

（五）绘制榭的装折

落地罩一般在室内沿开间方向布置，因通透并可供人通行，更多体现在视觉上做出区域的划分，在室内营造出既有联系又有分隔的环境氛围。落地罩绘制相对复杂，可以提前收集、绘制在模型库中，在需要使用时，在模型库中选择合适的圆洞落地罩素材直接使用。长窗也一样，可在库中选择，并注意数量和尺寸要符合开间的大小和要求（图 6-3-50）。

美人靠是一种下设座槛、上连靠栏的木制设施，向外探出的靠栏让人能够倚坐休息，还能丰富建筑的外观形态，使其富于变化。同样可以在素材库中选择样式与尺寸合适的美人靠直接置入（图 6-3-51）。

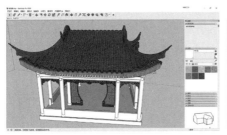

图 6-3-50　湖光榭的落地罩

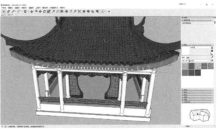

图 6-3-51　湖光榭的美人靠

挂落，在绘制湖光榭模型时，根据实体建筑的情况，可在模型库中选择样式与尺寸合适的挂落置入。

附：轩虚拟模型制作视频教程

四、轩：以听雨轩为例

轩也属于实用型园林建筑，以带有窗槛的小室或长廊为主，敞朗是其主要特点，一般用作书房或观赏风景之所，可建于园林的任何地方，整体风格开放雅致。这里以听雨轩为例进行绘制。

听雨轩的体量相较于清漪堂来说小很多，四周柱间不设构件，南北两面观景较为开敞。以长窗和半窗半墙加以分隔，四周为回廊。在所属园林中，听雨轩属于次要建筑，整体面阔五间，采用大木构架结构，其模型同样由台基、屋身、屋顶三个部位组合而成。其中下部的台基部分较为简单，翼角及建筑屋顶的绘制与清漪堂类似。

（一）轩的大木构架

1. 整体情况

听雨轩也是圆作屋架，其木结构为抬梁式，以垂直木柱为基本支撑，木柱顶端沿着房屋进深方向架起数层叠架的梁架，相邻两榀梁架构成一间。与湖光榭类似，圆作屋架制作相对简单（图6-3-52）。

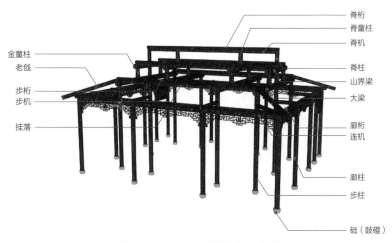

图6-3-52　听雨轩的大木构架

2. 绘制顺序

（1）首先绘制的是下层部分。柱是最基本的直立支撑并传导上部荷载的构件，由于所处位置不同，各有专用的名词。先绘制的柱有廊柱、步柱，这两类柱体直接立于的柱础上，上端联系梁、桁等其他构件。接着绘制搭接在廊柱之上，进深方向承重且起连接作用的构件——廊川，同时绘制在开间方向起同样作用的构件，廊桁和连机。

（2）其后绘制的是中层部分，搭接在步柱之上进深方向起承重和连接作用的构件，包括大梁和搭角梁。搭接于梁上在开间方向起同样作用的构件，有步桁和步机。桁是直接承受屋面荷载的构件，并将荷载传导到梁与柱。

（3）接着绘制的是上层部分，包括搭接在大梁上的金童柱，以及其上进深方向承重且有连接作用的构件——山界梁，在开间方向起同样作用的构件——金桁与金机等。

（二）绘制听雨轩的步骤

1. 台基

轩的台基同样是建筑的底座，轩的台基构造较为简单，与房类似，只包括地坪和台阶。台阶也可称为副阶沿，是连接室外地面与室内地坪的阶梯，使用推拉工具绘制。台阶绘制高度一般选取150mm，形成踏步体块即可（图6-3-53）。

2. 立柱

在立柱与台基间设有柱础，柱础绘制方法与前文相同。在绘制柱础时要明确其本身的尺寸大小，并注意与相应立柱中线的对应衔接，确保建模的准确。

听雨轩是木结构园林建筑，与其他传统园林建筑类似，绘制好不同尺寸的步柱、廊柱，并将其置于台基平面上相应的位置（图6-3-54）。

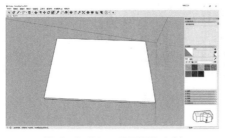
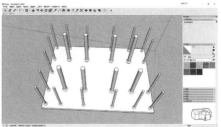

图6-3-53　听雨轩的台基　　　　　　图6-3-54　听雨轩的柱与础

3. 梁架

听雨轩的大木构架，整体样式灵活，是中国传统木构建筑的主要构造形式之一（图6-3-55）。在绘制过程中要注意垂直构件、横向构件的形状、尺寸、位置以及互相的精准搭接。其中搭接最为重要，需要使用绘图工具仔细测量后再搭接（图6-3-56）。同一构件无需重复绘制，可通过复制获得并移动至相应位置进行处理。

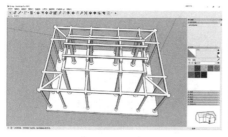

图 6-3-55　听雨轩的大梁构架

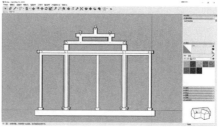

图 6-3-56　听雨轩的大梁搭接

（三）绘制听雨轩的翼角构造

听雨轩的翼角是更为轻巧飘逸的嫩戗发戗形式，总体绘制较水戗发戗复杂。

首先在柱、梁、桁绘制完成的基础上，按照实际的尺寸、角度制作出老戗、嫩戗、菱角木、箴木、扁担木等构件，并进行构件之间的精准搭接。一个翼角完成后，可以通过复制、旋转的方式完成其他几个。

翼角完成后，在梁架上由上而下布置出头停椽、花架椽、出檐椽、摔网椽、立脚飞椽等；这里要明确各种椽的尺寸，掌握头停椽、花架椽、出檐椽之间的衔接关系（图6-3-57），是结合提栈形成了具有一定角度的平缓的衔接面，同时摔网椽和立脚飞椽旋转的角度要符合翼角结构的要求（图6-3-58），旋转之后同样是有角度的平缓衔接。这一步与清漪堂的翼角类似。

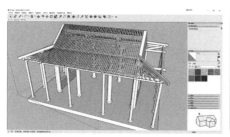

图 6-3-57　听雨轩的椽

图 6-3-58　听雨轩的椽排布

（四）绘制轩的屋顶类型和构造

听雨轩的屋顶是歇山式，屋顶绘制过程与清漪堂类似。在绘制过程中首先要铺设望板与瓦口板（图6-3-59），这一步与椽的绘制类似，需要对构件进行一定角度的旋转，各个构件之间的衔接也需要与椽对应、匹配。

布置屋面底瓦和盖瓦时，绘制一组后可批量处理，较为快捷。而脊头、脊兽以及滴水、花边等部件，可以实时绘制，也可以在模型库中选择合适的素材直接使用（图6-3-60）。

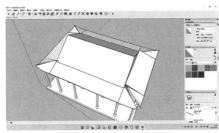
图6-3-59　听雨轩的望板

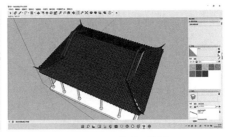
图6-3-60　听雨轩的盖瓦

（五）绘制轩的装折

听雨轩中使用镂空窗格的长窗和半窗以收纳景致。在绘制模型时，可以在模型库中选择合适的素材直接使用，注意其数量和尺寸要符合实际，并满足开间的大小和要求（图6-3-61）。

挂落，是设置在梁枋下的装饰性构件，衔接立柱与梁枋。挂落同样可以在模型库中选择样式符合的素材，并根据柱间尺寸调整并置入（图6-3-62）。

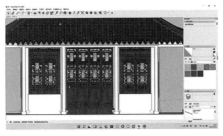
图6-3-61　听雨轩的长窗和半窗

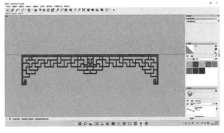
图6-3-62　听雨轩的挂落

附：亭虚拟模型
制作视频教程

五、亭：以云蔚亭为例

游赏点景型园林建筑是相对于实用型园林建筑而言的，与前面的清漪堂、听雨轩不同，这类建筑在功能上除游赏、观景和休憩之外，基本不再承担其他具体的功能。通常来说这类建筑体量小巧，布局灵活，其中最具有代表性的就是亭。这里以云蔚亭为例。

云蔚亭供游人休憩赏景和乘凉避雨之用，其体量小巧，独立而完整，界面通透，为花木山石所环绕，是整个园区的重要景点和观景点。其模型可大致划分为台基、亭身、屋顶三部分。其中下部的台基较简单，中部木构架和上部建筑屋顶的绘制则较为复杂，重点和难点是把握整体的体量尺度，以及其木构架和屋顶的构造。

（一）亭的大木构架

1.整体情况

云蔚亭是四角攒尖顶建筑，其结构形式在攒尖顶中属于最为常见的。攒尖顶构造比较特殊，各戗脊由立柱向中心上方逐渐集中成一尖顶，用"顶饰"来收束后整体呈伞状。在绘制过程中，要掌握其大木构架的基本情况（图6-3-63）。

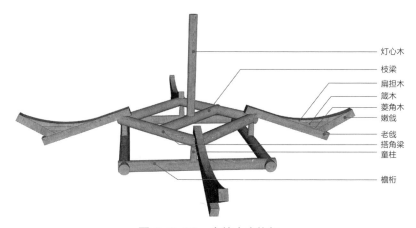

灯心木
枝梁
扁担木
篾木
菱角木
嫩戗
老戗
搭角梁
童柱
檐桁

图6-3-63　亭的大木构架

2.绘制顺序

（1）首先绘制的是柱体部分，下端立于柱础之上，上端和梁桁等构件相连。接着绘制搭接在柱之上的檐桁，以及立于檐桁中间的童柱。

（2）绘制完柱和第一层梁架后，开始绘制架设于四边檐桁之上，与檐桁呈45°相交的搭角梁。它呈四方形，搭角梁中间架设枝梁，枝梁中心架设灯心木。

（二）绘制云蔚亭的步骤

1.台基

云蔚亭的台基也就是建筑的底座，与厅、堂、轩、榭等建筑不同的是，亭台基的规模更小。台基包括地坪和台阶两部分。地坪进行厚度绘制即可（图6-3-64）。台阶使用推拉工具绘制，高度也多为150mm，形成踏步体块即可（图6-3-65）。

2.立柱

亭通常在立柱与地基间也建有柱础，柱础绘制与其他建筑一致，同时需要注意础自身的尺寸，并与相应立柱的中线精准对应衔接。

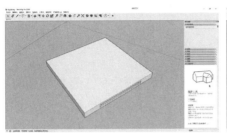
图 6-3-64　亭的台基

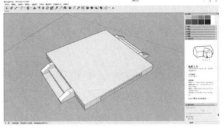
图 6-3-65　亭的台阶

云蔚亭整体是木质的梁柱结构，其柱网是按正四边形台基平面进行布置，四根柱体是整个构架最主要的垂直承重构件，使用推拉工具绘制柱体高度，并将其置于平面上相应的位置（图 6-3-66）。

3. 梁架

除绘制搭角梁、枝梁、戗角、灯心木等构件本身外，还需要确定它们的位置以及相互的搭接关系。其中定位放置最为重要，需使用卷尺工具绘制辅助线后搭接置入（图 6-3-67）。注意搭接时要根据立柱的位置进行置入。

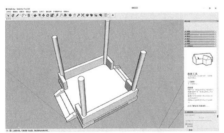
图 6-3-66　云蔚亭的柱

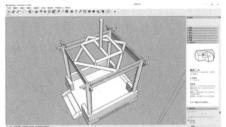
图 6-3-67　云蔚亭的大木梁构架

（三）绘制亭的翼角构造

云蔚亭翼角的起翘式样同样是较为常见的嫩戗发戗形态。因构造较为复杂，所以绘制翼角的过程也较为繁复。

首先在完成立柱绘制的基础上，按照实际的尺寸和角度制作出老戗、嫩戗、菱角木、箴木、扁担木等构件，并进行构件之间的精确搭接。

接着由上而下布置出头停椽、正身椽、出檐椽、飞椽、摔网椽、立脚飞椽等。该步骤需要注意由于攒尖顶向上聚拢成如同伞状的结构，椽与椽的衔接需要角度准确，搭接顺畅。头停椽、正身椽、出檐椽之间都不是直线连接（图 6-3-68），而是具有一定角度的衔接，形成相对平缓的衔接面。

另外摔网椽和立脚飞椽旋转的角度要依据建筑实体形态，符合相应的尺寸要求（图6-3-69），旋转之后同样是有角度的平缓衔接。这一步较为复杂，需要一定的时间去熟练地掌握。

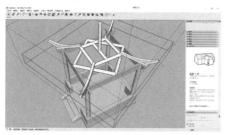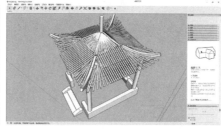

图 6-3-68　云蔚亭的戗角　　　　　　图 6-3-69　云蔚亭的椽搭接

（四）绘制云蔚亭的屋顶

云蔚亭是攒尖顶建筑，其大木构架采用提栈方式，从檐处梁架往上的坡度是变化的，由缓变陡，相关构件也是依据提栈进行设置，同时往翼角方向逐渐起翘，戗角兜转耸起，整体绘制较为困难。

首先铺设望板，这一步较为复杂，亭的望板不是直线成面，而是有弧度的曲面。需要根据灯心木和戗角的高度确定尺寸，多次利用圆弧、路径跟随工具以及模型交错工具切出我们所要绘制的面（图6-3-70），使用推拉工具进行厚度绘制。另外也需要对构件进行一定角度的旋转，每块望板之间的衔接需要与椽相对应、匹配（图6-3-71）。

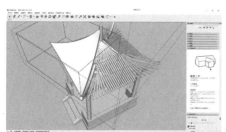

图 6-3-70　亭的部分望板　　　　　　图 6-3-71　亭的完整望板

望板绘制好后，确定亭脊的位置，然后根据望板形态布置底瓦和盖瓦（图6-3-72），排布可使用移动工具和旋转工具，角度要顺应望板的走向，以保证瓦与望板的贴合。盖瓦、底瓦都是错落衔接的，可以批量复制处理。其他小部件，如宝顶、滴水、花边等，由于自身的花纹、样式种类繁多，在绘制时可以在先期建设的模型库中选择合适的素材直接使用（图6-3-73），需要注意的是，素材的数量和尺寸要符合模型本身的大小和要求。

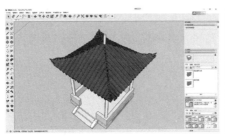

图 6-3-72 云蔚亭的瓦 　　　　　 图 6-3-73 云蔚亭的屋顶

（五）绘制亭的装折

亭的柱间多不设门窗，云蔚亭的柱间下部设矮墙，上置坐槛、靠栏，可根据相应尺寸使用推拉工具绘制体块（图 6-3-74）。

云蔚亭仅在柱间施以挂落。挂落作为重要的装饰构件，能协调亭立面的比例，使亭的形象更加匀称。根据云蔚亭的实际样式，可以在素材库中选择合适的模型，并调整尺寸以匹配柱间距，将挂落置入（图 6-3-75）。

图 6-3-74 亭的半墙 　　　　　 图 6-3-75 亭的挂落

附：廊虚拟模型
制作视频教程

六、廊：以镂月开云廊为例

联系性园林建筑主要是指园林中以交通联系为主要功能的建筑，其空间形态以线性为主要特征，其中最具有代表性的是廊。

廊是主要景点和院落空间的组织和串联者，它是一种既"引"且"观"的建筑，常附设于建筑周边或沿墙以"占边"的形式布置，与墙的关系时分时合，营造出丰富的空间体验。镂月开云廊在整个园林中是以折线的形态呈现的，廊宽不大，仅容两人并排通过，符合传统园林的空间体量。该廊为双面空廊，屋顶采用两坡顶，园内也有廊因与墙相连，有时也做成单坡屋顶。镂月开云廊模型绘制可大致划分为台基、廊身、屋顶三部分，因形式相对简单，绘制不复杂。

（一）廊的大木构架

1. 整体情况

廊的木构架为抬梁式，以垂直木柱为基本支撑，木柱顶端架设船篷式廊架（图6-3-76）。

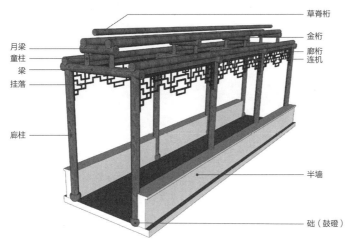

图6-3-76　圆作船篷轩廊的大木构架

2. 绘制顺序

（1）首先绘制的是下层部分。廊柱是直立支撑上部重量的构件，下端通过柱础与台基连接，上端连接梁桁等其他构件。廊柱完成后接着绘制的是搭接在廊柱之上、在廊宽方向起承重和连接作用的构件——梁，以及在廊通行方向起同样作用的构件，廊桁和连机。

（2）然后绘制的是中层部分。搭接于轩梁上的短柱——童柱，呈对称分布，位于轩梁大约三等分处，起承重（传导上部荷载）的作用。接着是搭接于两根童柱之上，在与梁垂直方向上起承重与连接作用的月梁。

（3）最后绘制的是上层部分。搭接在月梁上，与廊桁平行方向，起承重与连接作用的构件——金桁及草脊桁。

（二）绘制廊的步骤

1. 台基

廊的台基是底座，直接承受建筑上部荷重并将其传到地下的土基部分。廊的台基非常简单，仅需使用推拉工具，绘制出台基的高度后创建群组即可（图6-3-77）。

2. 立柱

廊柱下可设柱础，也常能看到不设柱础的。为防水、防潮，镂月开云廊在立柱与台基间设有柱础，在绘制柱础时要注意础本身的尺寸，以及与相应立柱中线的对应衔接。

　　镂月开云廊整体也是木质的梁架结构，其柱网较为简单，在廊台基两侧顺廊的走向，以廊的中心线为轴基本对称布置。立柱是整个廊的垂直承重构件，承托其上方的荷载。立柱在 SketchUp 中的绘制过程较为简单，使用推拉工具绘制柱体即可，并将其置于平面上相应的位置（图 6-3-78）。

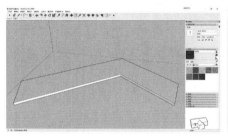
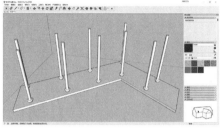

图 6-3-77　廊的台基　　　　　　　图 6-3-78　廊的柱与础

3. 梁架

　　镂月开云廊的大木构架较为简单，在 SketchUp 绘制过程中要注意不同构件之间的搭接，例如轩梁、月梁、金桁、廊桁等构件需要用圆工具绘制圆形，然后使用推拉工具并输入数值，最后创建群组形成梁架（图 6-3-79）。其中定位放置最为重要，直接影响模型的协调感、稳定感，需使用卷尺工具绘制辅助线后再搭接置入（图 6-3-80）。

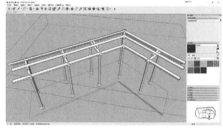

图 6-3-79　镂月开云廊的梁架结构　　　图 6-3-80　镂月开云廊的梁架搭接

（三）绘制廊的屋顶

　　由于镂月开云廊的屋顶采用的是两坡顶，坡相交处不作正脊，屋顶的绘制较为简单。首先是绘制椽，这里要注意椽与弯椽的衔接，同时保证绘制中两侧构件对称搭接（图 6-3-81、图 6-3-82）。椽完成后，接着就开始铺设望板，这一步也较为简单，按照相应尺寸绘制出其中一块后旋转搭接，同时注意望板构件之间的衔接也需要与椽相匹配（图 6-3-83）。

除椽与望板外，盖瓦、底瓦、滴水、花边等瓦部件，由于规格明确，花纹繁多，在绘制屋顶模型时，可以在模型库中选择合适的素材直接置入使用，需要注意的是每楞盖瓦和底瓦的排布方式与屋面的走向一致，盖瓦和底瓦都是错落衔接的，并且可以批量复制处理，以减少工作量（图6-3-84）。

图6-3-81　镂月开云廊的椽

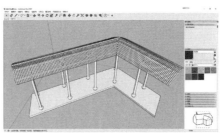

图6-3-82　镂月开云廊的椽排布

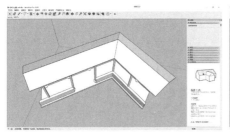

图6-3-83　镂月开云廊的望板

图6-3-84　镂月开云廊的瓦排布

（四）绘制廊的装折

廊的两侧均为立柱，没有实墙，在廊中可以观赏两面景色。镂月开云廊的柱间下部设矮墙，矮墙上铺设坐槛，根据实际尺寸按比例绘制体块（图6-3-85）。

镂月开云廊的柱间上部置有挂落，使廊的形象更加丰富、匀称。在SketchUp的绘制中，同样可以在模型库中选择通长的挂落直接置入，选择时要考虑挂落的样式与尺寸与实际情况相符（图6-3-86）。

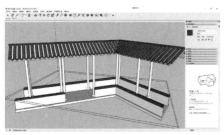

图6-3-85　镂月开云廊的坐槛

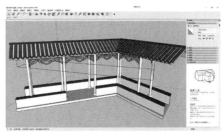

图6-3-86　镂月开云廊的挂落

第四节　假山置石制作

假山置石的设计与营建主要以自然山水为蓝本、土石为材料，加以艺术的提炼和夸张，从而实现山水的人工再造。作为独立或附属的造景布置，假山置石主要表现的是个体美或组合而成的形态美。在园林的布局中，假山可用于构成园林的主景或景观骨架，可划分和组织园林空间，还可以与建筑、道路和植物组合成富于变化的景致，借以减少传统园林中的人工建造痕迹。因此，假山是园林中不可或缺的元素之一，正所谓"无石不园，无园不石"。

前期完善的假山设计，是绘制出与园林环境融合度高的假山模型的前提。此外，需要选择适合构建假山的软件，如 CAD、SU、3DS MAX 等，都是适合用来制作假山和置石虚拟模型的软件，配合使用这些软件，能更好地表达出山石的质感和细节。

由于假山制作相较于建筑制作的"有法有式"而言是无固定之法的，所以制作假山置石的模型需要具备足够的支持，即绘制完成相应的图纸，包括平面图、立面图、剖面图、效果图、意向图等，并且需要进一步确定山石的种类、体量以及石与石之间的体块关系等（图 6-4-1、图 6-4-2）。

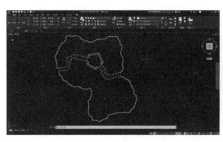

图 6-4-1　假山平面图

图 6-4-2　假山立面图

附：假山虚拟模型
制作视频教程

一、假山制作

假山种类繁多，纵观江南地区的园林假山，以太湖石假山和黄石假山为多。本次绘制的假山，由于顶部放置观景亭，所以选择更为质朴厚重的黄石作为主要材料。"宜真不宜假，宜整不宜碎，突出峰秀点，石纹仔细配。又道是真山似假则名，假山似真则绝，叠石散碎则假，峰多纹乱则碎"是古人对黄石假山的认知与评价。总体来说黄石形体棱角明显、节理面平直，具有强烈的光影效果，以雄浑沉实为特色，与太湖石相比显得硬挺，应用较坚挺的直线来描绘。因此，前期绘制选用 CAD 软件，假山体块形成选用 SU 软件，后期细化处理选用 3DS MAX 和 Mars 软件。

（一）平面放样

在 CAD 工作界面中选择绘制界面，先按照设计平面图在界面中细化出假山平面石块的位置与造型，确定各石块占地形态和大致轮廓范围。使用多段线绘制时应注意符合黄石的钝感形态（图 6-4-3），多使用钝角多边形描绘石块平面样式（图 6-4-4）。

 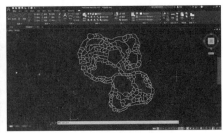

图 6-4-3　多段线平面绘制　　　　图 6-4-4　石块平面样式

（二）形态塑造

将绘制完成的 CAD 文件检查线条并炸开导入 SU，以免在 SU 中发生错误，便于进行形态塑造。

在拉底阶段，对外围基本体块执行推拉命令，明确假山的底面轮廓线，在相应的位置绘制出假山的基底。这里需要注意基底山石的高度不宜过高，同时应使推拉的高度错落变化，避免过于单一。

中层绘制阶段，根据前期设计的立面造型拉伸出相应体块的山石。该部分与拉底阶段不同之处在于：中层是整个假山模型的关键形态部位，推拉的高度、幅度较大（图 6-4-5），绘制时需保证立面错落有致，可以通过切换正立面视角进行观察并不断调整，直至立面形态合适为止。

结顶绘制阶段，顶部叠石一般追求形态的多变与轻巧，根据设计图纸在顶部推拉收束形态的石块模型（图 6-4-6）。由于假山顶部有亭坐落，因此这里结顶部分的绘制不宜过于烦琐，以免遮挡视线。

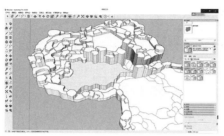 

　　图 6-4-5　中层绘制　　　　　　　　　　　图 6-4-6　结顶绘制

（三）纹理刻画

　　假山的结构体绘制完成后，开始对模型进行形态上的打磨，将绘制好的 SU 模型导入 3DS MAX，可以通过多视角对三维模型进行观察并拖拽修改，使其接近设计意向造型。此时需要对三维模型增加网格密度，以避免后续步骤中出现由于网格迭代次数较低而达不到相应效果的情况（图 6-4-7）。

　　对于着重表达立面关系的体块，需要对黄石的纹理进行细致处理。使用转化为可编辑多边形命令，选中表面层级后对其外表面使用网格平滑命令。继续使用置换命令，将准备好的纹路素材贴入位图，并调整强度和衰退参数，同时通过调整 X、Y、Z 轴向，来改变位图方向（图 6-4-8）。可以绘制多个兼具形态和纹理的黄石，然后进行简单堆砌，形成特定的立面造型，使得模型表面产生凸凹效果，更加贴近自然的山石体块。

　　图 6-4-7　增加网格　　　　　　　　　　　图 6-4-8　位图绘制

（四）后期处理

　　将在 3DS MAX 中绘制完成的假山模型导出为 SketchUp 文件（图 6-4-9），在 SU 中对导出的模型进行检查和调整，然后导入 Mars 中对其进行材质的赋予（图 6-4-10）、参数的调整，以及配景的添加，使假山在传统园林模型中，成为园林空间的点睛之笔。

图 6-4-9　导入模型　　　　　图 6-4-10　材质调整

附：置石虚拟模型
制作视频教程

二、置石制作

置石与假山在功能、形态、体量、位置上都有所不同，置石是以独特的山石为材料，作为独立的或附属的造景布置，旨在表现山石的个体美或组合而成的置石集合体形态，而不具备完整的山形山势。总体而言，假山的体量大而集中，可登、可观、可游、可赏，视线以假山为中心向四周发散，使人有置身于自然山林之感。置石则主要以观赏为主，结合一些功能的作用，体量较小而分散，视线由四周向置石集中。置石根据位置、数量、围合方式等，可分为特置、对置、散置和群置等多种。此处以特置为例，使用 3DS MAX 绘制具有独特造型的单体置石模型。

（一）立面绘制

先按照意向图在 3DS MAX 工作界面中用点曲线、延伸等工具绘制出置石立面的外轮廓线条（图 6-4-11），闭合曲线后绘制出厚度并转化为多边形，对其执行平滑、细化等操作，以方便后面调适置石的外立面造型（图 6-4-12）。

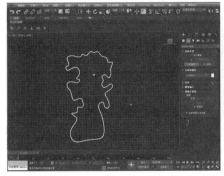
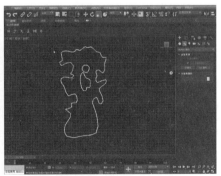

图 6-4-11　立面绘制　　　　　图 6-4-12　闭合曲线

（二）形态塑造

接着对初始模型进行形态上的打磨，可以使用多视角对三维模型观察并拖拽修改，使其接近意向造型。该环节需要对三维模型增加网格密度，以支撑后续的拓扑操作。网格密度足够后使用拓扑蒙皮并进入表面层级进行观察。使用拓扑打眼对体块进行随机打眼，需要提醒的是如果是普通绘制可使用随机打眼命令，并通过多次尝试打眼，以达到预期效果，在做出镂空效果后删除打眼的面，并绘制出厚度，而如果是模仿意向图则需要进行精准绘制。在绘制具有凹凸形态的外形时，使用复合对象选项中的超级布尔命令（图6-4-13），使用差集参数，拾取布尔对象，可塑造出置石凹凸部分的脉络效果（图6-4-14）。

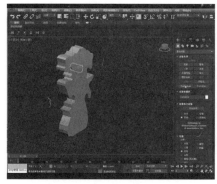 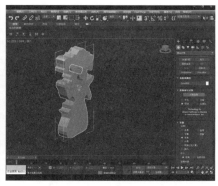

图6-4-13 超级布尔　　　　　　　图6-4-14 拾取对象

（三）纹理刻画

打眼完成的模型已经初具形态，可以开始对置石的纹理进行细致刻画。在多边形状态下进入表面层级，对置石外表面使用网格平滑（图6-4-15）命令并设置较高密度的网格。接着对置石的外表面进行噪波处理（图6-4-16），分形之后将强度和比例调整到合适的数值，使得模型表面产生凹凸效果，更加贴合置石的艺术形象。置石的内表面操作与外表面绘制相同，内外协作处理出置石的石纹质感与镂空感。

（四）整体控制

纹理刻画完成后的置石已经很接近于预期的效果，我们需要对它周边的配石进行绘制（图6-4-17），实现置石与配景更加融洽、整体风格更加自然的效果，以减少人工气息。可以在置石周边无规则地摆放一些小的山石（图6-4-18），营造出群组的主次关系，使其成为一个整体。

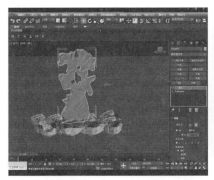

图 6-4-15　网格处理

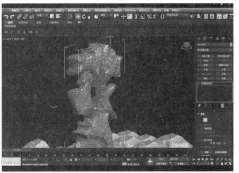

图 6-4-16　噪波处理

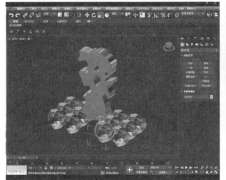

图 6-4-17　周围环境

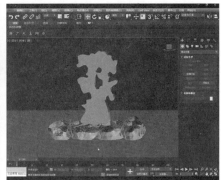

图 6-4-18　配置山石

（五）后期处理

在 3DS MAX 中绘制完成的模型可以导出为 SketchUp 文件（图 6-4-19），在 SU 中检查、调整导出的模型，再导入 Mars 中进行材质的调整（图 6-4-20）、参数的调整以及配景的添加，使置石在传统园林设计中成为院落空间的点睛之笔。

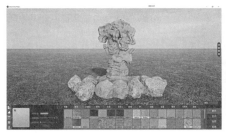

图 6-4-19　导入模型

图 6-4-20　材质调整

第五节 其他要素制作

一、绘制漏窗

漏窗，俗称漏花窗，即部分空透的墙窗。漏窗形式多样，位置灵活，高度与人的视角吻合，大多设置在园林内部的分隔墙体上，以长廊和半通透的庭院居多，使单调呆板的墙壁变得生动（图 6-5-1）。

由于漏窗的形式花样繁多，造型多变，这里以简单的花窗为例进行绘制。首先对整理好的 CAD 文件进行梳理，然后导入 SU 中绘制各位置的厚度并创建群组。绘制完成后置入墙体内，这里需要注意漏窗中心要与人的视线高度相协调，可以实体花窗测量的高度为依据绘制，以期达到最好的效果（图 6-5-2）。

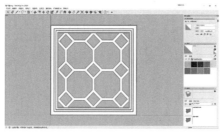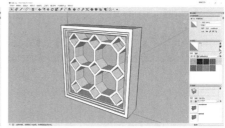

图 6-5-1 漏窗要素导入 　　　　 图 6-5-2 漏窗的厚度绘制

二、绘制园墙

园墙可界定空间范围，可划分、组织景区和院落。在园林设计中，为了使墙成为造景的一个积极因素，墙体常常根据地形或空间的变化而不同，以达到丰富景致的效果。此外，在场地的边界，园林中的墙还常与廊结合设置，通过廊的起伏、转折，来打破白色墙体的单调。

本次建模中的园林墙体，有外墙与内墙之分，造型丰富多样。其中外墙在 SU 中的绘制，主要根据其在 CAD 平面中的走向，先搭建基本的墙体平面形式，然后根据场地内高差的变化进行墙体高度的调整，使其与园内景观要素合理搭配，以达到和谐的状态。墙体外饰白灰，墙头以灰瓦压顶，整体绘制过程不复杂，只是要多修改、多调整，以达到最佳效果。

内墙可采用云墙的形式，形态呈波浪形，以瓦压饰。整体绘制过程与外墙类似，区别是内墙上常设漏窗，窗景多姿。

三、绘制洞门

洞门是围墙上供进出的口，因为不设门扇，所以叫洞门。通过洞门透视景物，可以形成内外联系的框景。洞门在传统园林中的形式非常丰富多样，这里以最经典的月洞门为例讲解。

月洞门在 SU 的绘制中较为简单，在云墙式园墙上（图 6-5-3）绘制月洞门的形状，需注意月洞门及洞框的尺寸大小。月洞门的洞框为磨砖对缝镶拼，在 SU 中使用圆形工具绘制后推拉，注意要略突出洞门，以表现月洞门的效果和造型（图 6-5-4）。

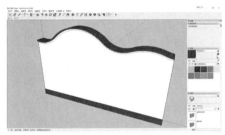

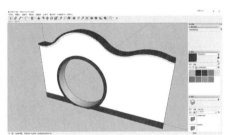

图 6-5-3　云墙绘制　　　　　　图 6-5-4　月洞门绘制

附：折桥虚拟模型
制作视频教程

四、绘制桥

桥作为重要的交通要素，在园林中不仅起到空间联系的作用，同时也对水体进行了的划分，成为增加景观层次、丰富水面景致的重要元素。

本次虚拟模型设计中的桥采用三折平桥的形式。平桥通常跨度小、桥身低、贴近水面，平面多通过曲折变化来避免直线桥所形成的单调感，同时还能配合园景，实现步移景异的效果。因采用板式平桥的构造方式，模型以直线条为主，建模过程相对来说比较容易。构造出板式的体块后，在相应的转折处置入合理尺寸的柱（图 6-5-5）。绘制过程中，重点关注设计确定的尺寸要符合协调匹配的要求，同时保证柱与板桥精准搭接（图 6-5-6）。

除平桥之外，园林中还有很多拱桥。拱桥一般用石条或砖砌筑成圆弧形券洞，其大小及拱数受环境和尺度影响较大，拱数通常依水面宽度而定。苏州传统园林的拱桥桥体轻薄，多为半圆形券洞。与平桥相比，拱桥的绘制过程略微复杂。先根据水面宽度确定拱桥的跨度及踏步的层数和高

度，绘制出踏步的体块后，绘制拱桥的柱身置于地栿之上，再根据拱桥
地栿的形状和走向绘制石栏板，最后在柱身上安置装饰构件（图6-5-7～
图6-5-10）。

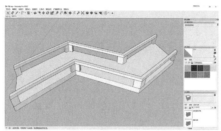 

图6-5-5　折桥的体块绘制　　　　　图6-5-6　折桥的柱搭接绘制

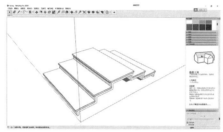 

图6-5-7　拱桥的体块绘制　　　　　图6-5-8　拱桥的柱身绘制

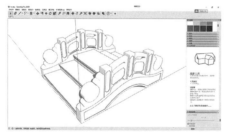 

图6-5-9　拱桥的栏杆　　　　　　图6-5-10　拱桥的装饰

第六节　素材库使用和修改

虚拟模型的制作中，为了使植物及其他配景要素达到更真实丰富的效
果，可以在 Mars 中对已经搭建好的 SU 模型进行渲染并选择配置合适的植
物。在这之前，需要注意对 SU 模型的梳理，以避免重复的面在 Mars 中产
生错位。

梳理过程如下：将模型移动到原点附近，首先将配景的植物及其他一
些外环境素材删除干净，接着很重要的一步是翻转平面，需要将 SU 里的

反面以及重合的面处理一下，避免导入 Mars 后出现闪动的状况，最后，在导入 Mars 之前，还需要对 SU 模型进行材质贴图，以区分不同的材质，不然就无法在 Mars 里进行贴图渲染。

在虚拟模型制作中，可使用渲染软件实时表现设计的空间、材质、光感以及植物的姿态、颜色等效果。Mars 软件中自带丰富的材质库，包括静态素材、动态素材以及天气效果等，可以呈现出替换后的效果（图 6-6-1）。

使用材质系统对草地、硬质材料、水体、木材等材质进行选择更换，可以实现对各类材质的颜色、纹理大小、方向等基础参数的调整，还可以在高级编辑中调节法线强度参数以增强材质的凹凸感，调节灰度来调整模型的整体明暗度（图 6-6-2）。

图 6-6-1　素材库的使用　　　　图 6-6-2　素材效果的修改

附：虚拟模型
渲染视频教程

第七节　要素合并及渲染

将模型导入 Mars 后，可使用配景系统快速丰富模型场景。

首先配置上层乔木类。传统园林中的高大乔木多配置在古建筑旁，显得幽静庄重。布置乔木时可以打开随机开关进行快速布置，按住 Ctrl 键可选中多种植物进行快速配置，也可随机配置大小不一的同种植物群落。建议对配置好的植物进行分组，以便于对植物资源进行批量管理（图 6-7-1）。

接着布置中下层灌木和草本植物，可以使用植物笔刷工具进行快速丰富，同时选择之前标记好的同一植物种类，调整刷取的密度参数，打开随机开关，可避免中下层植物形态单一的问题。针对园林植物的细部，可通过调节笔刷直径和密度至合适的数值，刷取相应区域的中下层植物。对刷取超出范围的植物进行擦除清理。

最后在场景中添加远景以遮挡地平线，可对远景中植物的尺寸位置进行调整，使其更贴合于整个园林场景。

图 6-7-1　植物配置

在 Mars 中，可以根据不同的配景布置方法配置传统园林中不同层次的景观样式。Mars 布置配景的方法有以下几种：单点布置、曲线布置、笔刷布置、插件同步布置和自定义组件布置。

1. 单点布置

当摆放的配景数量较少，并且需要准确摆放时，可以选择单点布置。选择配景面板的模型编辑，左键单击选中要布置的配景并将其移动到场景中，左击鼠标确认放置（图 6-7-2）。

2. 笔刷布置

当需要大面积摆放配景且种类较多时，可以选择笔刷布置。选择配景面板—笔刷工具—选择要布置的配景（按住 Ctrl 可多选）—调节密度和笔刷大小—鼠标移动到场景中，左击鼠标即可大面积布置配景（图 6-7-3）。

图 6-7-2　单点布置

图 6-7-3　笔刷布置

3. 曲线布置

选择配景面板的曲线工具，选中要布置的配景后调节配景间距，将鼠标移动到场景中，左击鼠标确认曲线路径，待确认布置效果满意后单击完成即可（图 6-7-4）。

4. 插件同步布置

利用 Mars-SketchUp 插件结合 Skatter 插件，可以实现一键批量植树种草（Mars-SketchUp 插件可到光辉城市官网中下载）。

5. 自定义组件布置

选择配景面板的资源列表，右键选择需要保持为自定义组件的组团，选择保存组件并为自定义组件命名。之后选择配景面板－高级－自定义组件，选择组件后左击鼠标确定放置（图 6-7-5）。

图 6-7-4　曲线布置　　　　图 6-7-5　自定义组件布置

植物配置完成后，对整体园林模型进行渲染、调整，注意使用场景功能并保存角度与效果参数，便于后期的对比和更改。

第八节　场景参数设定

利用 Mars 在默认天气系统下修改材质和布景，颜色会比较饱和，同时需要选择一个好看的滤镜以达到色调统一、画面融合的效果。Mars 后期参数面板里的预设模板，会提供一些设置好的滤镜效果，可以一键选用，实现快速设置时间段、天气效果以及色调等（图 6-8-1），在此基础上还可以适当调节，而场景滤镜的调节通常需要天空调节面板和后期参数面板配合使用。

Mars 可在天空调节面板里调节时间段和天气效果（图 6-8-2）。不同时间段的光感不同，同一个物体在不同的光照下表现出来的质感也不完全相同，不同的光感能够表现建筑不同的体量效果，具有很重要的作用。Mars 里影响光感的参数主要是天空调节面板里的太阳强度、太阳角度、环境光以及后期参数面板里的光晕强度和基础曝光（图 6-8-3）。

接着使用天空系统进一步调节画面效果，例如天气系统中的云层效果，包括云层密度、透明度等参数，通过使用参数调节阴影明暗程度并快速找到场景中的明暗关系。使用场景着色可以改变整体画面的色彩，也可以理解为给整体画面蒙上一层颜色。通过使用后期参数对预设模板进行调整，从而达到所需展示的预期效果（图 6-8-4）。

图 6-8-1　预设模板

图 6-8-2　天气效果

图 6-8-3　太阳强度

图 6-8-4　云层密度

第九节　模型展示

一、PC 动态展示

归功于 Mars 实时渲染的特性，Mars 的实时画面效果与输出成果完全一致，可以直接将在 Mars 里显示与操作的画面实时展示给观看者（图 6-9-1）。相较于传统的效果图动画汇报方式，PC 动态实时汇报可以提前设好场景与动画路径快速切换进行展示（图 6-9-2），并且可以与观看者实时交流细节效果，无需等待渲染时间，还能即时修改并呈现改后效果。

图 6-9-1　PC 实时展示

图 6-9-2　PC 动态展示

二、AR 展示

在 Mars 软件中，只需添加识别图片与对应的绑定视频，即可出现当前定位画面的视频效果。例如，扫描效果图后出现方案讲解的音频（图 6-9-3），扫描路径流线后出现对应流线的模型展示视频，扫描节点图后出现光影、四季变化效果的视频（图 6-9-4）等。

图 6-9-3　AR 音频展示　　　　　　图 6-9-4　AR 效果图展示

三、全景视频 VR 展示

我们可以使用全景视频对模型进行展示，一方面可以借助计算机播放全景视频（图 6-9-5），通过鼠标控制视频的上下左右视角进行模型讲解，在关键节点可以暂停，还可自由转动视角进行设计阐释，相较于普通三维视频可以传递更多信息。另一方面可以佩戴 VR 头戴式显示设备播放全景动画，在现实中与 VR 头显中转动视角的反馈一致，可进行全角度浏览。

四、VR 交互式展示

我们使用 VR 头显时在现实中的动作都会同步至 VR 里，并在显示画面上做出相应反馈，感知方式更加真实（图 6-9-6）。使用 VR 设备展示空间模型，我们可以通过手柄进行任意方向、任意距离的移动，很大程度解决因现实空间局限不能满足模型浏览的情况。也可通过手柄进行细节修改，如雕刻地形、更换材质、放置部品、调节部品等，使观看者可对模型进行实时修改。

图 6-9-5 全景视频 VR 展示 　　　　　图 6-9-6 VR 交互式展示

第七章 传统园林模型案例赏析

第一节　经典赏析

扫码查看本节高清彩图

　　沧浪亭模型由郑可俊大师制作，以沧浪亭为蓝本，再现了传统工匠营造园林的全过程（图 7-1-1）。

图 7-1-1　沧浪亭

（模型制作：郑可俊；图片来源：郑可俊摄）

　　郑可俊，园林美术世家传人，其父郑定忠是苏州园林艺术界最早的美工和书法家。受父辈影响，郑可俊开始从事园林文史修复工作。经过多年努力钻研，郑可俊成为公认的"苏州园林陈设布置第一人"。同时，由于郑可俊具备深厚的传统文化功底，对苏州园林的传统营造技术了然于胸，且对园林建筑内涵有着独到的理解和把握，因此在园林模型制作领域也得心应手，做出了不少著名的模型艺术品，如美国大都会博物馆的"明轩"、法国蓬皮杜艺术中心的"网师园"，得到国内外高度认可，奠定了其在模型界的大师地位。

　　园中场景丰富逼真，如屋架上梁、瓦片铺设、置石叠山、花街铺设、挖塘运泥、花木种植等，令人称奇。园内各式建筑十余种，各类传统工匠人物形态三百余种，栩栩如生。为了能够精准地表现出园林真实营造过程，郑可俊查阅了大量相关资料，依据历史文献和园林建造特点，将模型中各要素的营造技法、建造特点完整复原，并对工匠工种、施工工房等进行二次创作。园林模型大多侧重表现整体风貌，能够精准展现营造过程的园林模型屈指可数。郑可俊大师善于挖掘历史文化，创造性地再现经典之作，为弘扬传统文化做出了独特贡献。

　　个园模型由郑可俊大师制作。据记载，个园原有"福禄寿喜财"五路建筑，目前仅存"福禄寿"三路建筑，已非历史原貌。模型重点再现个园原貌，完整重现了个园五路住宅及四季假山，展示了贯穿五路住宅和四季假山的复廊全貌（图7-1-2）。

图 7-1-2　个园

（模型制作：郑可俊；图片来源：郑可俊摄）

　　整个模型均为手工制作，假山采用天然石头堆叠而成；树木一律以铜丝制作骨架，逼真再现园内白皮松、广玉兰等古树名木的外形；建筑部分的制作材料则以木、石为主，反映了扬州建筑的格局和特色。模型以灯光和人物等作为园林配景，结合其他要素共同构成整体模型环境，向观者展现出个园构思巧妙、建筑精致的历史原貌，也为个园今后的研究与发展提供了素材。

　　扬州何园水心亭模型由郑可俊大师制作，选取扬州何园西部精致的山水空间，再现了古人观看戏曲的生活场景（图7-1-3）。何园水心亭是中国仅有的水中戏亭，供人纳凉、欣赏戏曲和歌舞之用。水心亭位于水池中央，巧妙地运用水面和走廊的回声，起到了共鸣的效果。亭子三侧由建筑与复道回廊围绕，表现了园林建筑四通八达之利与回环变化之美，是江南园林的孤例。亭对面为湖石假山，模型中假山以煤渣为材料进行堆叠，配以古树名木，浑然天成。

　　中天台假山模型由郑可俊大师制作，为石土混合假山，重在展现假山地形的起伏。假山由土、石共同构建，采用以土山为基础、石山造型的手法，整体山势连绵，形态富有变化。山体广植林木，植物蓊郁，山顶叠石置塔，塑造出中天台假山丰富的空间形态和生动的山林意象（图7-1-4）。

图 7-1-3　扬州何园水心亭

（模型制作：郑可俊；图片来源：郑可俊摄）

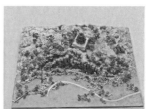

图 7-1-4　中天台假山

（模型制作：郑可俊；图片来源：郑可俊摄）

　　整体假山地形以高密度泡沫为基础材料削切拼合而成，山脚黄石假山以软陶为材料烧制而成，山体树木以铜丝为骨架、碎泡沫为枝叶，逼真展现古树名木，与山顶建筑相得益彰。

　　拙政园模型表现的是拙政园中西部空间。中西部是拙政园精华所在。模型总体布局以水面为中心，建筑多临水成景，山石、树木互相穿插，构造出丰富的空间层次，具有自然山水的生态野趣（图 7-1-5）。

　　郑可俊大师制作的拙政园模型重在模拟真实园林的形态与意境，不仅追求形似，更注重表达苏州园林的质感与意境。模型用材讲究，神形兼备，还原真实场景，让观者如同身临其境。

图 7-1-5 拙政园模型

（模型制作：郑可俊；图片来源：郑可俊摄）

第二节 作业评析

作业一：艺圃模型

扫码查看本节高清彩图

该艺圃模型表现的是整个园林的空间布局，由学生合作完成。模型完整地呈现出艺圃的整体风貌以水体为中心，建筑环绕四周，重峦叠嶂，花木摇曳（图 7-2-1）。

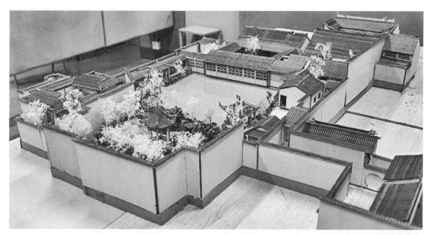

图 7-2-1 艺圃

模型中，建筑采用木质材料，门窗、挂落等由激光雕刻而成，较为精致；山石以湖石为主，因此采用泡沫烫形法制作而成；水体采用滴胶浇筑法，以表现水面平静透明的特点；花木制作用的是干花写意法，素雅的色调与传统园林整体风格十分协调。该模型最大的特点是屋顶均为活动式，能够打开以展示建筑的大木构架。当然，该模型作业也存在不足之处：建筑局部细节不到位，部分大木构架稍显粗糙，水体颜色不够自然等。

作业二：浴鸥小院

该学生模型作业制作的是艺圃的浴鸥小院。浴鸥小院院落不大，但建筑组合相对复杂，有山有水，且主要园林要素俱全。模型中，建筑采用木质材料；山石运用泡沫烫形法制作；水体采用滴胶浇筑法，在胶中调入颜料，并处理出水波纹，使微小的水池产生了动感；植物利用收集的植物枝干制作，形态真实。在模型制作中，局部屋面不做处理，以便展示建筑大木构架。该模型大木构架还可更为精细，院内假山形态、山势还能更好塑造，这与测绘不够细致也有关系（图 7-2-2）。

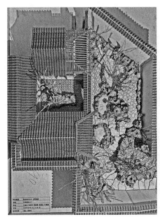

图 7-2-2 艺圃浴鸥小院

作业三：小山丛桂轩

该学生模型作业制作的是网师园的小山丛桂轩。该处建筑为卷棚歇山顶的四面厅式，轩南为湖石小山，桂花丛生，轩北则是名为"云岗"的黄石假山。模型中，建筑采用木质材料；山石运用泡沫堆叠法制作，外形后期进行仿石修饰；植物用收集的植物枝干制作，并进行了表面涂饰，以更好地贴合模型的整体风格。该模型制作较为精细，大木构架较为准确，比例尺度合宜，但因采用同一方式制作两种不同石材的假山，使得差异性不足（图 7-2-3）。

图 7-2-3 网师园小山丛桂轩

作业四：殿春簃

该学生模型作业制作的是网师园的殿春簃。殿春簃院落空间不大，形态方正，十分知名。院内景物丰富，有房有花，有石有水，主要园林要素俱全。模型中，建筑采用木质材料；山石创新性地使用纸张来制作；水体采用较为简易的垫底平贴法，使用合适的纸垫底表达；植物用干花写意法制作，清淡素雅。在模型制作中，建筑细部制作稍显粗糙，屋面仅使用激光雕刻机刻出瓦的样式，缺乏立体感。此外，山石的制作方法虽有所创新，但纸张容易受潮、破损，不易保存，一般不建议使用（图 7-2-4）。

图 7-2-4 网师园殿春簃

作业五：世伦堂

该学生模型作业制作的是艺圃的世伦堂。世伦堂建筑不复杂，简单的硬山建筑，所处院落很小，富有特色的是前面狭长的通道和进入小院的砖雕门楼。模型中，建筑采用木质材料，门楼主要利用机刻线条的方式表现砖雕装饰；植物采用干花写意法制作，地被用木屑模拟，表现出秋季的景色。在模型制作中，院墙处理不够精细，门楼的砖雕、装饰等如果采用镂空机刻的方式会提升模型的效果（图 7-2-5）。

图 7-2-5　艺圃世伦堂

作业六：设计作业一

　　该模型依照学生传统园林设计课程作业制作而成。整个园子以水体为中心进行布局，建筑与假山围绕水池展开，建筑庭院有序，山石错落。模型中，建筑采用木质材料；山石运用泡沫削切法制作，模拟湖石；水体采用垫底平贴法，使用纹理略粗的纸垫底并处理出水纹，使水池简单却有动感；植物利用收集的植物枝干配合干花写意法制作，形态真实。该模型部分建筑体量和比例关系因设计原因不够合理。此外，屋面、墙垣等衔接处处理较为粗糙，使得模型细部观赏效果受到影响（图 7-2-6）。

图 7-2-6　传统园林设计作业模型一

作业七：设计作业二

　　该模型依照学生传统园林设计课程作业制作而成。整个园子围绕中心水池布局，建筑围绕水面布置，厅堂、亭廊环绕，四面厅坐落于水边，南向水面豁然开朗。模型中，建筑采用木质材料；山石运用泡沫削切法制作，大小错落；水体采用滴胶浇筑法制作，在胶中调入颜料，水面平滑如镜；植物采用干花写意法制作，形态大小不够丰富。在模型制作中，建筑各部分的比例关系不够合理，使整体美感下降。此外，亭的样式单一、大小一致，也影响了模型的整体效果（图7-2-7）。

图 7-2-7　传统园林设计作业模型二

作业八：设计作业三

该模型依照学生传统园林设计课程作业制作而成。整个园子的布局以水体为中心，主体建筑与主假山隔水相望。模型中，建筑采用木质材料；山石运用油泥塑形法制作，配以白砂模拟旱溪；水体采用垫底平贴法制作，使用纹理略粗的纸垫底，处理出水纹并涂色；植物运用干花写意法制作，形态真实。在模型制作中，部分建筑屋面因梁架和提栈未处理好，显得比较生硬。此外，以油泥塑形法模拟湖石，稍显圆润，整体效果一般（图 7-2-8）。

图 7-2-8　传统园林设计作业模型三

作业九：设计作业四

该模型依照学生传统园林设计课程作业制作而成。整个园子水体面积较大，占据中间位置，水中设岛，通过桥相联系，分隔水面；增加景观层次。模型中，建筑采用木质材料，山石运用泡沫塑形的方法制作，整体感稍差，略显零散；水体采用垫底平贴法，使用纹理略粗的纸垫底，处理出水纹并涂色；植物运用干花写意法进行制作，以草粉模拟地被，花木略显稀疏。在模型制作中，由于对建筑大木构架的结构掌握不足，部分建筑形态、戗角未做到位（图 7-2-9）。

图 7-2-9　传统园林设计作业模型四

作业十：设计作业五

该 Mars 模型以学生传统园林设计课程作业为依据绘制。在设计图纸的基础上，利用 CAD 软件整理和补充图纸，将处理好的 CAD 图导入 SketchUp、3DS MAX 绘制建筑、假山等的三维模型，最后使用 Mars 软件进行后期渲染，获得可进行交互体验的 VR 模型。该虚拟模型风格协调、色彩素雅，整体效果较好，但部分建筑的样式、色彩、细节还有提升空间，水体表现也可以更加自然、清澈（图 7-2-10）。

图 7-2-10　Mars 模型作业一（一）

图 7-2-10 Mars 模型作业一（二）

作业十一：设计作业六

该 Mars 模型依据学生传统园林设计课程作业绘制。使用 CAD 软件进行设计图纸的整理和补充，将图导入 SketchUp、3DS MAX 绘制建筑、假山等的三维模型，再使用 Mars 软件进行后期渲染，获得 VR 模型成果。该虚拟模型整体景观效果较好，建筑、山石、水体、花木相互配合，表达出传统园林的意趣，并且通过展示不同天气条件下的景观效果，表现了传统园林时空变化下的不同体验。由于对建筑大木构架了解不够细致，造成模型中部分建筑屋面形态不准确，屋面衔接存在一定问题。此外，山石重复使用较多，需要进一步改进（图 7-2-11）。

图 7-2-11 Mars 模型作业二

作业十二：设计作业七

该 Mars 模型依据学生传统园林设计课程作业绘制。使用 CAD 软件完成设计图纸的整理和补充后，将图导入 SketchUp、3DS MAX 中绘制建筑、假山等的三维模型，然后使用 Mars 软件进行后期渲染，得到最终的 VR 模型成果。该虚拟模型整体景观风格统一，色彩素雅，空间错落有致，主体建筑比例尺度相对合理，水体效果较好。模型中，亭的造型单一，重复使用，山石驳岸、种植池壁形态一般，布局零散，植物处理稍显简单，植物景观有待进一步提升（图 7-2-12）。

图 7-2-12　Mars 模型作业三

作业十三：设计作业八

该 Mars 模型以学生传统园林设计课程作业为依据绘制。在设计图纸的基础上，通过 CAD 软件整理和补充图纸，将处理好的 CAD 图导入 SketchUp、3DS MAX 绘制建筑、假山的三维模型，最后将三维模型导入 Mars 软件进行后期渲染，获得最终的 VR 模型。该虚拟模型整体制作水准较高，建筑构建精细，比例尺度较合理，整体效果较好。假山石依据设计方案分别表现出湖石和黄石的特点。水体处理较细腻，水中还点缀荷花、睡莲等水生植物，表现较生动。植物造型丰富多样，整体风格协调，但部分建筑屋面衔接欠考虑，周边建筑绘制、布置略显随意（图 7-2-13）。

图 7-2-13　Mars 模型作业四

参 考 文 献

［1］李映彤，汤留泉. 建筑模型设计与制作（第二版）［M］. 北京：中国
轻工业出版社，2013.

［2］刘学军. 园林模型设计与制作［M］. 北京：机械工业出版社，2011.

［3］郭红蕾，等. 建筑模型制作：建筑·园林·展示模型制作实例［M］.
北京：中国建筑工业出版社，2007.

［4］朴永吉，周涛. 园林景观模型设计与制作［M］. 北京：机械工业出
版社，2006.

［5］唐浩，吴魁. 现代建筑模型［M］. 长沙：湖南人民出版社，2007.

［6］陈祺，等. 微缩园林与沙盘模型制作［M］. 北京：化学工业出版社，
2014.

后　记

中国古建及构筑模型的制作历史悠久且意义非凡。远古至先秦时期所制的建筑明器主要为祭祀、随葬之用，如汉代"事死如生"的丧葬之俗，常通过"崇栋广宇"的精美陶楼营造出人神共存的极乐之境，这类习俗在我国南方部分地区至今仍存，只是材质和造型已有不同。及至后世，实物模型制作已在宫室、园林营造中广泛应用，如"样式雷"世家根据建筑设计图纸等比例制作的烫样。由于实物模型制作的直观性，建筑院校的设计类课程中多有涉猎，但其中涉及古建模型制作的教材较多，却鲜有传统园林假山、花木和水石制作的内容。

得益于苏州的地理优势及其园林营造禀赋和学科传承，自张家骥、雍振华等前辈在课程中开设传统园林模型营造内容以来，苏州科技大学的传统园林模型制作对象已由手工制作和数控辅助的实物模型拓展至虚拟现实模型，积累了丰富的教学经验及成果。在前人研究的基础上，我们编撰了《传统园林模型制作》一书，以弥补当前传统园林教学中模型制作之不足。

本书由李畅、钱达主笔，薛艺彤、葛舒彤、黄晓蕙、王瑞莹、钱禹尧、赵聪聪等同学承担了部分章节的写作、教程的制作及拍摄工作。

本书在编写过程中获得了诸多帮助和支持。郑可俊老师制作的传统园林模型作品被收藏、展览于各地博物馆等机构之中，郑老师提供了精心拍摄的实物照片。此外，本书也得益于夏健、赵晓龙等老师的有力支持。

最后，由于传统园林设计体系复杂而涉猎广泛，编撰团队自身的能力有限，如有错漏和值得商榷之处，恳请诸位同人不吝指教，提出宝贵意见，以待后续修正。

《传统园林模型制作》编写组
2023 年 1 月 31 日